U0029789

電鍋123

小廚娘邱韻文——蒸簡單×蒸健康×蒸好味

真的只要3步驟，100道無油煙安心料理輕鬆上菜！

台灣人熱愛電鍋的內建基因

大家好，我是小廚娘 Olivia，非常感謝你參考這本「 電鍋12う 」。

認識另一半後，原本只是為了營造戀愛氣氛開始學做菜，認真想實踐「抓住男人的心先掌握他的胃」這句千古名言，後來結婚有了小孩後，繁忙的育兒生活大幅改變我的料理習慣，己經無法優雅且長時間的好好待在廚房研究料理。

常常是在料理的途中，遇到許多事打擾，可能需要去安撫寶寶，或是餵奶換尿布的緊急狀況，在一陣忙亂中就忘了關火，發生幾次燒焦的慘劇後，不用顧火的電鍋，就是煮婦我重要的廚房工具！

電鍋能夠直覺簡單操作，不用在爐火前受熱扛鍋，在熟悉料理步驟後，還能一鍋多菜的展現超高效率。使用電鍋之於台灣人，彷彿是寫在基因內的本能，利用循環蒸氣隔水加熱，隨著冉冉蒸氣飄出的就是家的味道。

邱韻文 Olivia

CONENTS 目錄

Chapter 1

一鍋吃飽好飽足

Chapter 2

好吃營養台灣蔬食

燉菜一鍋搞定好方便

海鮮家常鮮滋味

CONENTS | 目錄

Chapter
7

Chapter
8

熱鬧滾滾豐盛火鍋

電鍋也能做洋食

電鍋
小學堂

第一次料理，就從電鍋開始

電鍋，是家庭主婦最實用的料理好朋友，在國外異鄉最親
密的夥伴，只要外鍋倒入一杯水，按下開關，除了煮飯、
加熱、保溫，還有燉菜、滷肉、煲湯、蒸海鮮、煮火鍋、
做洋食料理，樣樣行！

第一步，認識電鍋的原理！

電鍋是以電加熱，藉由水在鍋內蒸煮間接加熱，鍋內循環保留食材原汁原味，外鍋水量影響燉煮時間長短，通常以電鍋附的量杯而言，半杯水可以蒸十分鐘，一杯水約 15-20 分鐘，兩杯水則是 30-40 分鐘。如果需要長時間燉煮，建議在外鍋續加熱水延長燉煮時間，無需擔心煮過久會燒焦或斷電。

　　現在市面上有好多品牌的電鍋可以選擇，除了注意幾人份的大小外，一個好的電鍋必須非常耐用，沒有品牌要求者，可特別認明是否有「節能標章」，這是政府頒定的，表示在同樣 條件的使用狀態下，消耗較少的能源、負擔較低的能源費用。此外，最重要的是確認保固期限、 維修方不方便、售後服務周不周到等等，都是很重要的指標。

鍋蓋
外鍋
內鍋
外殼
電源線

接地線

\# 每台電鍋的量杯大小不同，蒸煮時間也不同，
所以建議以時間為準，食材才能確定熟成。

搭配電鍋的
容器和配件有那些？

電鍋通常會附的配件，每個配件都有自己的功能，都很重要喔。

其實只要耐熱的容器都可以搭配電鍋使用，像是竹製蒸籠、陶瓷、不鏽鋼等等，但各位煮婦應該會發現，市售的電鍋配件大多是金屬容器，那是因為導熱效率高，如果用陶瓷或玻璃，建議用淺盤蒸煮液體比較少的料理。

量杯	約是 180ml 的容量，可以用來量米及外鍋水量，書中寫的外鍋幾杯水就是以此做計量單位。
內鍋	原本附的內鍋適合煮大鍋湯或大量的燉煮料理，若是小家人也可以選擇自己家裡的小鍋放入即可。 **注意：**不是任何材質的鍋具都能放進電鍋，像是塑膠材質、保麗龍、紙盒等，還有不耐熱或易融器皿都不建議放入電鍋內蒸煮，以免有毒物質會因熱氣而滲入食物，建議使用前要特別注意。
內鍋蓋	在料理過程不會用到，但如果整個內鍋端出來或要放到冰箱冷藏，可以使用內鍋蓋防止落塵或保鮮。
有洞蒸盤	可以用來蒸包子饅頭，加熱隔夜的法國長棍或歐式硬麵包也非常適合（底部要放蒸籠布或蒸紙）。如果要直接加熱陶瓷碗盤，可以防止接觸底部加熱溫度過高。
淺蒸盤	用來蒸魚、蔬菜或湯汁較少的料理。也可以運用家中適合放入電鍋裡大小的瓷盤或不銹鋼盤。
便當盒	國小帶便當用的不鏽鋼便當盒，也可以當內鍋使用，從醃肉到蒸煮一氣呵成。

廚娘推薦額外加購的配件

飯匙，私心推薦可以直立放在桌上的款式，還有出很多可愛造型可以選擇。

蒸盤內鍋，附把手的款式，可以推疊至三層，在五金行、傳統市場或網路上都很容易買到。

了解電鍋的清潔和保養，很重要！

電鍋通常會附的配件，每個配件都有自己的功能，都很重要喔。

其實每次使用完電鍋的清潔是例行公事，避免下次使用殘留污垢異味，用微濕的抹布擦乾淨，鍋蓋置於立架讓他完全通風乾燥即可。

每次使用完電鍋，若有油汙就以洗碗精稍微清洗乾淨，再把鍋蓋置於立架，用乾抹布擦除多餘水分，保持通風。

當外鍋有髒污時，可以浸泡檸檬水或白醋水（比例約一茶匙對200ml），大約 3 小時左右以海綿輕刷後倒掉，再以清水沖洗乾淨即可。

如果家中的電鍋有陳年污垢需要深層清潔，可以將對切擠過剩下的檸檬，放入電鍋中，加水蓋過鍋子裡有髒污的部分，按下加熱待有蒸氣冒出，拔除插頭等放涼後，倒除檸檬水用軟菜瓜布刷洗，再用溼抹布擦乾淨即可。

鍋蓋的部分，可以用軟菜瓜布加牙膏刷洗後，拿抹布及廚房紙巾擦乾，便能恢復光亮如新。

其他小祕訣

＊外鍋放熱水可縮短 30 ～ 40% 的煮飯時間喔！

＊使用完畢記得拔掉電鍋的插頭，節能省電。

Chapter

1

一鍋吃飽好滿足

晚回家的最佳首選！
一次搞定營養好食米飯料理，口味豐富，
無論一人獨享＆全家共食都開心。

美味很簡單！
好好煮白飯

不管有多忙碌，無論再晚下班，電鍋可以在你肚子餓的時刻，輕鬆就能煮飯熱菜，讓你在家舒服的用餐，學會煮白飯是電鍋最基本的功能。

米和水的關係

米飯想要好吃，水量就是關鍵。電鍋除了內鍋水量很重要外，外鍋的水量也要記得加，二者相同的是只要將內鍋的黃金比例記起來，加上每種米不同的事前浸泡時間，再利用電鍋續燜功能，電鍋開鍋一跳起千萬不要馬上開蓋，燜個 10 ～ 15 分鐘更好吃。

白米

白米 1 杯：內鍋水 1.2 ～ 1.3 杯
外鍋 1 量杯，約煮 15 ～ 20 分鐘。

十穀米

浸泡約 4 ～ 5 小時後，十穀米 1 杯：內鍋水 1.5 量杯
外鍋水 1 量杯

鮭魚茶泡飯

🍚 2 人份　⏱ 20 分鐘

茶泡飯是很療癒的暖胃料理，用和風高湯沖泡清茶，隨著樸實的熱湯和鮭魚香氣，下班後的疲勞化成深夜小確幸。 蒸氣冉冉而上，入口感受溫暖茶湯和仍 Q 彈的米飯，加上鮭魚和海苔富饒的海洋鮮味，真不敢相信這般美味的料理做法竟如此簡單。

| 食材 |

鮭魚 1/2 片（約 130g）
白飯 兩碗
海苔絲 隨意
七味粉 隨意

● 日式茶高湯
清水 500ml
昆布 5g
柴魚片 10g
茶包 1 包（綠茶、煎茶、清茶皆可）
日式醬油 1 茶匙

| 步驟 |

1 將日式茶高湯的材料放入內鍋，鮭魚放在蒸盤內，二個一起放到電鍋內，外鍋放半杯水蒸煮約 15 分鐘，開蓋起鍋。

2 白飯、鮭魚和海苔絲放入碗內。

3 日式茶高湯裝到茶壺中，再注入適量於碗內即可享用。

> ┌ 小廚娘貼心 *Tips!* ─
> 電鍋最好用的地方就在一次可以蒸煮 2 ～ 3 樣食材，只要以筷子將二個架高隔開，就能層層疊疊樂，一次完工輕鬆愉快。

上海菜飯

龍綠的青江菜、繽紅的臘腸、吸收滿兩者鮮味的米粒，色香味皆美。

研究過網上各種做法，有用砂鍋、鑄鐵鍋或瓦斯爐煮生米，都得有點經驗摸索火候，自己試了試用電鍋做，不用顧火，只要掌握幾個小祕訣，做這道上海菜飯輕鬆又到味。用來搭配紅燒料理尤為合適，但這天中午光吃這碗，有肉有菜，完全滿足…

| 食材 |

白米 1 杯
臘腸 1 條
青江菜 4 株左右
雞高湯 1 杯
薑末 少許
鹽巴 少許

| 步驟 |

1 白米洗淨瀝乾備用。臘腸切丁，青江菜逆紋切絲，梗和葉分開備用。

2 米、雞高湯、臘腸丁、青江菜梗和薑末放入內鍋拌勻，電鍋外鍋一杯水烹煮。

3 約半小時將煮好的飯開蓋，加入切碎的青江菜葉拌勻，蓋上鍋蓋再用保溫燜五分鐘，試吃後再依個人口味調味即可。

小廚娘貼心 *Tips!*

1 青江菜葉的部分盡量切細才容易燜熟，如果刀功不純熟，可在外鍋半杯熱水，多蒸五分鐘。

2 臘腸可用臘肉或香腸代替，我最喜歡的還是臘腸的版本

一鍋吃飽好滿足

地瓜豆漿燉飯

🍚 2 人份　⏱ 30 分鐘

豆漿富含的植物性蛋白及營養素有益健康，煮成地瓜飯帶有淡雅黃豆香氣，和家常料理毫不違和地成為餐桌風景吧！

| 食材 |

白米 1 杯
地瓜 1 條（約 200g）
無糖豆漿 1 杯
清水 半杯

| 步驟 |

1 白米在內鍋洗淨瀝乾。地瓜洗淨切塊和豆漿清水放入內鍋。

2 外鍋一杯水，加熱約 15 ～ 20 分鐘跳起，再保溫 15 分鐘。

3 開蓋後，用筷子翻鬆即可。

--- 小廚娘貼心 *Tips!* ---

液體的杯都以米杯為計量容器。

毛豆玉米日式炊飯

🍚 4 人份　⏱ 30 分鐘

日式炊飯是很百變的家常主食，通常會依季節搭配時令食材，例如秋冬就要吃栗子或南瓜炊飯，春夏就要吃竹筍或茭白筍炊飯，小小的祕訣是掌握食材的出水量，根據經驗或是乖乖遵照食譜就能成功。今天用孩子最愛的玉米和毛豆來做炊飯，這兩樣食材也是超容易取得的！

| 食材 |

雞胸肉 100g

鹽麴 2 茶匙

香菇（泡軟剪絲）兩朵

玉米粒 100g

冷凍毛豆（去殼）100g

白米 兩杯

| 步驟 |

1 雞胸肉與鹽麴拌勻，冷藏隔夜或一小時以上。

2 白米洗淨瀝乾，加入所有食材和水。（水量共兩杯）

3 外鍋一杯水，跳起後悶十分鐘再開蓋，用筷子由外往內翻勻即可。

> 小廚娘貼心 Tips!
> 可以用泡香菇的水和玉米罐頭內的湯汁取代部分水量，飯會更香更清甜。

一鍋吃飽好滿足

皮蛋瘦肉粥

🍚 2 人份　⏱ 30 分鐘

雖然三明治早餐很普及，每次回到家媽媽準備熱粥當早餐，心裡就充滿暖暖的歸屬感！皮蛋瘦肉粥是廣東粥的經典款，和台式鹹粥不同的是米粒要煮到開花，吃起來綿軟軟的，很舒服～

| 食材 |

白米 半杯

清水或豬骨高湯 5 杯

豬絞肉 60g

皮蛋 1 顆

鹽巴 半茶匙

白胡椒粉 約半茶匙

米酒 1 茶匙

油條 1 根（可略）

蔥花或芹菜末 約兩大匙

| 步驟 |

1 白米洗淨和清水放入內鍋，豬絞肉加入鹽巴、白胡椒粉和米酒拌勻後，同樣放入內鍋。

2 先在內鍋上，加上蒸架放皮蛋，外鍋一杯水，同時蒸煮皮蛋和粥。

3 皮蛋取出去殼切丁後，放回內鍋拌勻之後試吃調味，最後撒上蔥花或芹菜末即可。

> 小廚娘貼心 *Tips!*
>
> 皮蛋先蒸過比較好切丁喔。

台式芋頭鹹粥

☺ 2 人份　⏱ 30 分鐘

每到芋頭產季在傳統市場就會有專賣芋頭的攤販，老闆還會快手服務去皮切塊，回家放冷凍庫可以保存兩三個月，在煮的時候還節省時間！每個阿嬤都會煮的這道鹹粥，芋頭燉得棉鬆，每顆米粒都吸滿炒香的配料～

┃ 食材 ┃

豬梅花肉（切丁）100g

蝦米或櫻花蝦 一大匙

紅蔥頭（逆紋切片）一顆

香菇（泡水後切絲）30g

芋頭（去皮切丁）300g（約半顆）

白米 半杯

豬骨高湯或清水 五杯

芹菜（切丁）兩大匙

鹽巴 半茶匙

白胡椒 半茶匙

┃ 步驟 ┃

1 豬肉加鹽巴抓醃，鍋子熱兩大匙油，將豬肉、蝦米、紅蔥頭、香菇下鍋拌炒至變色。

2 在內鍋將白米洗淨，加入炒好的配料、芋頭和高湯，外鍋一杯水蒸煮。

3 開蓋拌勻後，試吃調味並撒上胡椒和芹菜即可。

小廚娘貼心 Tips!

1 芋頭含有草酸鈣成分，遇到水容易造成皮膚麻刺癢，處理芋頭時先不要清洗，並保持手部乾燥或戴手套，待削完皮後再放到網籃清洗芋頭，即可避免發癢。

2 選芋頭，相同大小比較輕的，吃起來會比較鬆軟，而芋頭切面的顏色，較乳白而非暗紫，會比較新鮮並富含澱粉質。

整顆番茄飯

😋 4 人份 🕐 30 分鐘

整顆番茄飯清爽又健康！和油脂豐富的肉類料理非常對味～ 你可以很陽春的只加番茄，也可以升級加入其他食材和調味料。基本版就是白米和水體積 1：1，每杯米加一顆番茄。升級版的可以加花椰菜、青豆、豌豆或蘆筍等～

| 食材 |

白米 兩杯

清水 兩杯

橄欖油 一大匙

鹽巴 1/2 茶匙

普羅旺斯香料 1/2 茶匙

牛番茄 兩顆

櫛瓜 1-2 根

| 步驟 |

1 白米在內鍋洗淨後，加入清水和調味料。

2 番茄切去蒂頭，櫛瓜切丁，加入內鍋放進電鍋，外鍋放一杯水，蓋上鍋蓋煮至開關跳起。

3 蒸煮加燜熟的時間約半小時，用飯匙把番茄壓爛拌勻，試吃並調味即可。

韓式雜菜冬粉

🍲 2 人份　⏱ 30 分鐘

炎炎夏日沒胃口的時候，清爽冰涼的韓式小菜正好，這道「雜菜」是每個韓國家庭都會做的，重點在於每項食材分開烹煮，最後再全部拌在一起，這樣風味層次會更加明顯！（當然懶惰的話全部一起煮也是可以的）雖然在韓國大部分是當作配菜，但我是滿喜歡直接當主食來吃的。

| 食材 |

韓式冬粉 100g
洋蔥絲 30g
紅蘿蔔絲 30g
黑木耳切絲 50g
鴻禧菇撥散 50g
鮮香菇切片 50g
菠菜 一小把
芝麻 一茶匙

● 醬料
清水 50ml
醬油 一大匙
細砂糖 一茶匙
蒜泥 半茶匙
白胡椒粉 少許
香油（或麻油）一大匙

| 步驟 |

1 韓國冬粉泡軟後用剪刀剪 3 段，放到內鍋裡與醬料拌勻。所有食材處理好分開放在冬粉上面，撒上芝麻。

2 菠菜另外裝在一個蒸盤中，放入電鍋。外鍋放一杯水，大約半小時後開蓋拌勻。

3 加入菠菜拌勻，蓋上鍋蓋燜一分鐘，試吃並依喜好調味即可。

─ 小廚娘貼心 *Tips!* ─

我們平常吃的冬粉是用綠豆澱粉做的，滑溜柔軟，韓國冬粉是用紅薯（地瓜）做的所以吃起來很有彈性，可以在家樂福、全聯、韓國食品專賣店或是網路購得。

臘味煲飯

🍚 2 人份 ⏱ 30 分鐘

在過年前後到處都可以看到臘味，其實無論是港式臘味，或是台式香腸，都可以與飯同炊，美味精華不浪費的吸在每顆米粒中，而且非常的下飯。如果比較重口味的話，可以加少許蠔油拌飯會更鹹香。

| 食材 |

白米 一杯
清水 一杯
臘腸 三根
蠔油 一茶匙

| 步驟 |

1 白米洗淨，同水和臘腸放入內鍋，外鍋一杯水蒸煮。

2 開關跳起後燜十分鐘，將臘腸取出放涼備用，白飯用筷子撥散，依喜好用蠔油調味。

3 將臘腸切片後，排擺在飯上即可。

— 小廚娘貼心 *Tips!* —

如果有煲仔飯醬油，可以最後利用鍋還熱時，過鍋邊淋入再拌勻，會有鍋氣香。

營養紅藜飯

補鐵高纖的藜麥 Quinoa 是聯合國認證的超級食物，最近嘗鮮試做紅藜飯，比想像中的更美味！沒有什麼特別的味道，只是多了許多顆粒口感，非常有趣～沒想到那麼輕鬆就可以讓健康加分，真開心：）。

| 食材 |

白米 兩杯
紅藜 半杯
清水 兩杯半

| 步驟 |

1 白米放在內鍋洗淨瀝乾，紅藜放在網篩小心的沖洗後加入內鍋。

2 內鍋放兩杯半的水，外鍋一杯水。

3 蒸煮跳起加保溫時間約 30 分鐘，稍微燜一下後，開蓋用飯匙撥鬆即可。

小廚娘貼心 Tips!

1 紅藜清洗的方式是放在細目網篩中，在水龍頭底下沖洗一分鐘，水流要小，以免得把紅藜都沖走了。在烹煮後會冒芽，是因為紅藜烹煮後活化營養加倍！

2 飯多煮了，當餐放涼後分裝冷凍，可保存兩個月，放在碗中加個玻璃蓋，微波或電鍋加熱都很方便。

古早味高麗菜飯

🍚 4 人份　⏱ 45 分鐘

手切的梅花豬肉保留充滿彈性的口感,與紅蔥頭、香菇和蝦米同炒,就是最經典家常的台灣古早味!加上高麗菜的清甜,整個用電鍋蒸煮出來的高麗菜飯,有肉有菜有澱粉,輕鬆完成週間的滿足晚餐～

| 食材 |

豬油約 50ml
紅蔥頭（切片）兩顆
蝦米（泡水切碎）30g
香菇 30g（泡水切絲）
梅花肉（切丁）200g
紅蘿蔔（切絲）50g
白米 兩杯
清水 兩杯
鹽巴 半茶匙
白胡椒 少許
醬油 一茶匙
高麗菜（切粗絲）200g

| 步驟 |

1 炒鍋內放入豬油，中火將紅蔥頭、蝦米、香菇和梅花肉炒香，起鍋前加一茶匙的醬油翻炒均勻。

2 煮飯鍋內放入洗好的白米、清水和炒料拌勻。

3 加入紅蘿蔔絲和高麗菜，外鍋一杯水，大約半小時後開蓋拌勻。

小廚娘貼心 *Tips!*

1 用大量豬油炒香菇肉絲等料會非常香喔！傳統做法負擔比較大，可以斟酌家人的健康狀況有三高就避免，改用花生油也很對味，依飲食習慣改用少量植物油也可以。

2 高麗菜切粗絲較好和飯拌勻入味，而不是像炒青菜一樣手撕大塊就放入喔。

Chapter 2

好吃營養台灣蔬食

快速上菜輕盈煮首選！
跟著節氣吃當季蔬菜，保留大地原味，
清爽無負擔的餐桌風景很簡單。

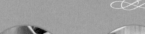

小卷醬拌高麗菜

高麗菜是很平易近人的平價蔬菜，用電鍋蒸沒有技巧，再跟ＸＯ醬或小卷醬拌一拌，嗯…太簡單了嗎？偶爾生活就要簡簡單單的，才能有餘裕思考複雜的人生呀（笑）。

| 食材 |

高麗菜　約 5 片葉子
小卷醬／XO 醬　2 大匙
鹽巴　少許

| 步驟 |

1 高麗菜去除中心菜梗，切大塊放入內鍋。

2 撒上少許鹽，加入小卷醬，外鍋一杯水蒸煮 15 分鐘。

3 開蓋後拌勻，試吃後再依個人口味調味即可。

> 小廚娘貼心 *Tips!*
>
> 高麗菜在台灣是全年皆生產，冬季更是盛產期，以高山種植最美味。挑選要領為葉子完整，結球緊密，有重量感的最優。
>
> 保存要領：不去除外葉可整顆放在陰涼通風處，若已切開，要用保鮮膜包起冷藏保存，並盡快食用，以免葉片爛掉。

奶油金針菇

貢丸胡瓜

奶油金針菇是很平價的簡單料理，有豐富的多醣體和纖維質，而醇香的奶油香則讓孩子直說還要還要（笑），撒上黑胡椒和洋香菜就是西式風味。也可把鹽改用醬油，洋香菜改七味粉，就是日式風味囉，選用品質好的奶油更健康美味喔！

胡瓜又稱大黃瓜或刺瓜，跟貢丸是絕配的組合，無論是快炒或煮湯都美味，清甜的滋味是夏日當令菜肴。胡瓜用小黃瓜代替也可以，只是小黃瓜就不用去皮，縱切後斜切成片即可。

🍲 2 人份　⏱ 10 分鐘

| 食材 |

金針菇一包約 200g、蒜頭去皮 一瓣、薑片一片（可略）、奶油 30g、鹽巴 1/4 茶匙、黑胡椒和洋香菜 適量

| 步驟 |

1. 金針菇切除根部切段，撥散放在蒸盤中，放上奶油、蒜頭和薑片，撒上鹽巴。
2. 外鍋一杯水蒸煮完成，開蓋拌勻調味。
3. 最後，撒上黑胡椒和洋香菜即可。

> 金針菇切段會更方便食用，家裡有小孩的話可以切更短。

🍲 2 人份　⏱ 20 分鐘

| 食材 |

胡瓜半根、貢丸兩顆、米酒一大匙、鹽巴1/4 茶匙、白胡椒粉少許、高湯或清水兩大匙

| 步驟 |

1. 將貢丸切成半月狀，胡瓜去皮後用湯匙挖除中心囊籽，切成一公分寬。
2. 所有食材在內鍋中拌勻。
3. 外鍋半杯水，煮到跳起後即可。

鹽麴豌豆莢

鹽麴在日本是像味噌一樣普遍的調味料，因為和米麴發酵過不死鹹，又多了維生素和酵素，用來醃肉可以使肉質軟嫩，也可以用於平常烹煮蔬菜。如果買不到鹽麴，改用味噌或鹽巴也可以。

🍱 2 人份 ⏱ 20 分鐘

| 食材 |

豌豆莢 100g、鹽麴半茶匙、香油少許

| 步驟 |

1 剝除頭尾並削去豆莢粗纖維。

2 外鍋放一杯水預熱，內鍋裡將豆莢、鹽麴和香油拌勻。

3 蒸煮十分鐘，試吃調味即可。

蝦仁甜豆

橙紅鮮蝦襯在鮮綠甜豆上特別好看，作為宴客料理也毫不馬虎

🍱 4 人份 ⏱ 15 分鐘

| 食材 |

甜豆一包（約 200g）、蝦仁八隻（約 100g）、鹽巴 1/4 茶匙、鰹魚粉（可略）少許、米酒一大匙、蒜末 1/2 茶匙

| 步驟 |

1 甜豆剝除蒂頭和粗纖維，蝦仁開背去泥腸。

2 所有食材放入內鍋中，外鍋放一杯熱水，約 15 分鐘完成料理。

3 蒸煮完成拌勻盛盤即可。

麻油薑泥皇宮菜

🍱 2 人份　⏲ 15 分鐘

有些菜真的很適合配麻油薑泥，像是川七、紅鳳菜、皇宮菜、高麗菜或 A 菜等等，因為麻油不能高溫烹調，用電鍋來煮麻油料理非常適合。薑泥和香油先拌勻加熱，再注意葉菜加熱的時間，便可以兼顧健康美味。

| 食材 |

老薑（磨泥）約 5g

麻油 一大匙

皇宮菜 約 250g

醬油膏 一大匙

| 步驟 |

1 薑泥、麻油和菜梗放入內鍋，外鍋放一杯水，加熱十分鐘。

2 菜葉放入內鍋，再加熱五分鐘。

3 加入醬油膏後拌勻即可盛盤。

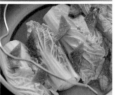

金華上湯娃娃菜

超市很容易買到這種「高山娃娃菜」，它是微型大白菜但口感更為幼嫩，與高湯和金華火腿蒸煮，做法簡單卻令人印象深刻的宴客佳肴。

| 食材 |

娃娃菜 200g
金華火腿（切片）30g
高湯（雞或豬高湯）100ml
鹽 約 2g

| 步驟 |

1. 金華火腿買回家將外層棕白色的部分切除，用熱水沖洗後切成 30g 大小，取一塊備用。

2. 高山娃娃菜切除根部，清洗乾淨後放入蒸盤中，淋上高湯、放上金華火腿片，撒上少許鹽。

3. 外鍋一杯水蒸煮，待開關跳起後開蓋試味道，如果不夠鹹則以淡色醬油調味。

─ 小廚娘貼心 *Tips!* ─

1 金華火腿可以分切冷凍，約可保存一年，每次煮雞湯或排骨湯都可以加一塊，讓湯頭更有層次。

2 高湯可依個人選擇雞或豬高湯，在家中可以在煮雞湯或排骨湯時先用保鮮盒裝一點起來冷凍保存，方便隨時可用。

涼拌秋葵山藥佐和風醋醬

🍲 2 人份　⏱ 15 分鐘

經過週末大魚大肉的各種聚餐，週一就以清淡養生作為目標。脆口山藥和星型秋葵都是整腸護胃的優質食材，搭配我最喜歡的和風柚子醋醬，就是冰涼清爽的午餐配菜！ 享用前仔細的將食材和醬汁混合均勻，秋葵和山藥讓醬汁變得滑溜溜的，脆口滑順又酸香開胃～

| 食材 |

秋葵 135g

山藥 250g

金桔（裝飾用可略）一顆

● 和風醋醬

金桔汁 兩大匙

米醋 一大匙

植物油 三大匙

鹽和砂糖 隨意

| 步驟 |

1 削去秋葵蒂頭部分的粗纖維，外鍋放半杯水預熱五分鐘，將秋葵放入蒸盤，蒸煮十分鐘後取出泡冷水。

2 山藥去皮切塊，山藥黏液會造成過敏刺癢，需要戴手套或隔塑膠袋。

3 在碗中將和風醋醬拌勻，放入山藥、秋葵和金桔。

ＸＯ醬蛋酥絲瓜

🍴 2 人份　⏱ 30 分鐘

夏天的絲瓜讓人覺得水潤清爽，加上干貝 XO 醬和炒蛋，就這樣配飯或麵線便是滿足幸福，絲瓜在烹調過程會出水，結合所有食材的香氣，湯汁也很清甜喔。

| 食材 |

雞蛋 兩顆
絲瓜　條
XO 醬 兩大匙
老薑 兩片
鹽巴 少許
九層塔 一小把

| 步驟 |

1. 熱鍋和一大匙的油，把蛋液打勻後下鍋拌炒。
2. 在蒸盤上依序放好薑片、絲瓜、蛋酥和ＸＯ醬，撒上少許的鹽。
3. 外鍋一杯水蒸煮約半小時跳起後，放入九層塔燜一分鐘即可。

小廚娘貼心 *Tips!*

瓜果類蔬菜挑選原則：外觀不可有受傷，以色澤漂亮、外型飽滿，拿起來感覺手沉表示水分足較優。買回來可以善用「紙」或「乾淨的棉布」包好，減少水分消失，以免沒了水分纖維變粗不好吃。

蛤蜊絲瓜

🍲 2 人份　⏱ 15 分鐘

蛤蜊絲瓜絕對是夏天必吃的料理，我在菜市場還能看到阿婆推車上就放著「蛤蜊、絲瓜、薑絲九層塔」
簡直就是圓桌武士黃金陣容！絲瓜和蛤蜊都會出水，湯汁鮮美的好滋味，配飯或麵線都好清爽～

| 食材 |

絲瓜（削皮切塊）一條
蛤蜊 約 300g
老薑 四片
香油 一大匙
九層塔 一小把

| 步驟 |

1 內鍋依序放入香油、薑片、絲瓜和蛤蜊。

2 加入米酒，如果想要做蛤蜊絲瓜湯，可以再加 300ml 清水
和少許鹽。

3 外鍋一杯水，蒸至開關跳起（約 15 分鐘），撒上九層塔拌
勻。

小廚娘貼心 *Tips!*

九層塔屬於熱帶香草，放冰箱冷藏容易凍傷，建議放在常溫，
但也只能保存兩三天，如果能在陽台種一小盆，是最方便的作
法。

涼拌黑木耳

酸香爽口的涼拌黑木耳，除了能開胃解膩，膳食纖維和維生素，更是讓飲食更健康平衡的幫手喔！颱風過後菜價飆高時，蕈菇類價格相對平穩，用黑木耳來補充膳食纖維養顏美容吧～

| 食材 |

黑木耳 200g
老薑 一片
蒜頭 一小瓣
枸杞 一大匙

● 醬料
醬油 一大匙
白醋（或鎮江醋）一茶匙
香油 一茶匙

| 步驟 |

1 新鮮黑木耳洗淨剝成一口大小，放在蒸盤或內鍋，外鍋一杯水約蒸 15 分鐘。

2 薑蒜切末，與醬料拌勻備用。

3 將黑木耳和枸杞放入盆中拌勻，冷藏兩小時後享用，或隔天更入味。

── 小廚娘貼心 *Tips!* ──

超市現在很多新鮮有機黑木耳，處理起來很方便，只需要清洗並剝去蒂頭。如果是用乾燥的黑木耳，可以在前日泡在飲用水中，冷藏隔夜使用。

塔香蝦皮蒲瓜

🍲 3 人份　⏱ 20 分鐘

蒲瓜又稱瓠瓜，在夏天物美價廉，切塊煮湯，切絲包水餃或煮粥，切片則能蒸煮或炒食。電鍋料理少了爆香的步驟，但如果先將蒜末、蝦皮和油脂拌勻，可以讓脂溶性的香氣分子更充分釋放，是重要的美味祕訣喔！

| 食材 |

蒲瓜 一顆約 750g
蒜末 半茶匙
蝦皮 兩大匙
油 一大匙
九層塔 一小株
鹽巴 半茶匙

| 步驟 |

1 蒲瓜去皮和蒂頭，切成條狀。蒜末、蝦皮和油拌勻。

2 全部食材放入內鍋拌勻，外鍋一杯水蒸煮約 15-20 分鐘。

3 試吃調味後，再加入九層塔拌勻即可盛盤享用。

─ 小廚娘貼心 *Tips!* ─

1 瓜果類先切除蒂頭抹少許鹽，再冷藏可以延長保存時間。

2 蒜末可以用廚房小物搭配磨碎，比較細緻又方便。

涼拌紫茄

🍱 2 人份　⏱ 10 分鐘

茄子那神祕優雅的紫色，加熱氧化就會變黯淡棕色，所以先輕裹層麻油，再準確掌握蒸煮時間，茄子煮好還能紫得好迷人。

| 食材 |

茄子 一條

麻油（香油或白芝麻油）兩大匙

● 醬料

　蒜末 一茶匙

　薑泥 一茶匙

　香菜或蔥（切碎）一茶匙

　烏醋 一茶匙

　醬油膏或蠔油 一大匙

| 步驟 |

1 茄子切段後縱切成四等份，在調理盆內和麻油拌勻，平均放在蒸架上。

2 外鍋 1/3 杯熱水，加蓋蒸煮約 10 分鐘。取出泡冰塊水備用。

3 茄子瀝乾盛盤，將醬料材料調勻後淋上拌勻即可。

小廚娘貼心 *Tips!*

用熱水是能減少蒸煮的時間，能讓茄子熟成還能保有漂亮色澤。

好吃營養台灣蔬食

南瓜甘露煮

🍲 3 人份　⏱ 20 分鐘

日文的「甘露煮」（かんろに）指的是美味料理，通常是用糖度較高的煮汁，烹煮魚類或根莖蔬菜，熱熱的吃或冷食都可以。我很喜歡搭配豬肉主食和白飯，像是日式定食的和諧感，很有日常家居風格的溫度。

| 食材 |

南瓜 半顆（約300g）
昆布柴魚高湯 200ml
日式醬油 一茶匙
味醂 一大匙
蜂蜜或麥芽糖（可略）一茶匙
白芝麻（可略）少許

| 步驟 |

1. 南瓜對切，挖去囊籽後，削皮切塊。
2. 所有食材放入內鍋，外鍋一杯水蒸 15 分鐘。
3. 試吃後調味拌勻，盛入深盤後灑少許芝麻。

── 小廚娘貼心 Tips! ──

這道很適合小朋友吃的簡單料理，用日式醬油和味醂調味，喜歡帶有甜味的話可以加少許蜂蜜或麥芽糖，可以在試吃過後再決定要不要添加甜味。

鴻禧菇高麗菜

🍱 2 人份 ⏱ 20 分鐘

鴻禧菇和高麗菜在台灣四季都可口，吃起來溫和清甜，是闔家老幼都喜歡的人氣蔬食！

原來不用大鍋熱炒，電鍋就能輕鬆料理，而小祕訣就在於拌油的步驟，紅蘿蔔富含脂溶性營養，大蒜香氣在油脂內也更能完整釋放，所以先用橄欖油或植物油拌勻會讓料理更健康美味。

| 食材 |

蒜頭（去皮拍裂）約兩瓣
紅蘿蔔（切絲）30g
鴻禧菇（一包）100g
高麗菜（約 1/4 顆）250g
米酒 一茶匙
鹽巴 約半茶匙

| 步驟 |

1 大蒜、紅蘿蔔和橄欖油拌勻。

2 高麗菜和鴻喜菇放入內鍋，放入蒜頭和紅蘿蔔後灑鹽和米酒。

3 外鍋一杯水，電鍋跳起後開蓋拌勻，試吃調味。

小廚娘貼心 *Tips!*

紅蘿蔔絲是料理配色的萬能食材，可以事先切好分裝冷凍，料理時不用解凍直接使用非常方便。

豆豉燜苦瓜

🍱 2 人份　⏱ 30 分鐘

夏季各種瓜果盛產，苦瓜清熱去火，這道料理爽口不油膩，冷藏後當涼菜也很適合。孩提時期明明不愛吃苦瓜的，但長大後，或許是因為體會過生活的辛苦，漸漸懂得欣賞那苦後回甘的美好。

| 食材 |

白色苦瓜 半條
豆豉 一茶匙（約 5g）
醬油膏或蠔油 一大匙
老薑 兩片
豬高湯或清水 150ml

| 步驟 |

1 醬汁在蒸盤內混合均勻，苦瓜洗淨後切成適口大小，和老薑同放入蒸盤。

2 外鍋放一杯水，放入內鍋後蓋上鍋蓋煮至開關跳起（約 15 分鐘）。

3 翻拌均勻後再於外鍋放一杯水，續煮至開關跳起（約 15 分鐘）。

小廚娘貼心 *Tips!*

如果特別怕苦的，可以把瓜囊用湯匙挖乾淨，並用熱水汆燙過。如果能接受苦味的話，瓜囊保留可以吸附更多湯汁。

麻婆豆腐

傳統做法是以爐火熱油，炒香醬料肉末後燴煮豆腐，但有次被孩子叫喚分心，爐上的鍋子燒焦了，嚇得不敢開火，改用電鍋安全蒸煮，味道也是很好的～重點在於確實將肉醃入味，還有最後提香的花椒粉乘油熱拌勻，這道料理非常下飯喔！

食材

豆腐（切丁 1cm 平方公分）半盒
豬絞肉 100g
鹽巴 1/4 茶匙
蔥花 適量
花椒粉 一茶匙

● 醃料
醬油 一大匙
豆瓣醬 一大匙
太白粉或藕粉 一茶匙

步驟

1. 豆腐切丁泡熱鹽水（一茶匙的鹽巴對 200ml 熱水），再和豬肉與醃料拌勻。

2. 先炒過絞肉會更香，煎炒鍋中火熱好，醃好的肉平鋪下鍋，先煎個一分鐘後再開始翻炒。

3. 豆腐瀝乾，與豬肉稍微拌勻盛入蒸盤中，外鍋一杯水蒸煮，開蓋後，撒上花椒粉和蔥花拌勻即可。

> 小廚娘貼心 Tips!
>
> 豆腐泡熱鹽水可以去除豆腥味，還可以去除一些豆腐本身的水份，更好吃。

三色蛋

🍱 6 人份　⏱ 30 分鐘

經典的中式冷食並不難做，每次有外國朋友或是年節宴客，我就會提前做好放冰箱冷藏，除有豐富視覺效果，也能品嚐到三種不同雞蛋的風味。

| 食材 |

皮蛋 兩顆

鹹蛋 兩顆

雞蛋 四顆

米酒 一大匙

白胡椒 少許

烘焙紙或鋁箔紙 適量

| 步驟 |

1 皮蛋放在蒸盤上，外鍋半杯水蒸熟後，與鹹蛋切塊備用。

2 模具抹油並鋪上烘焙紙，先將鹹蛋和皮蛋平均放入，再將蛋白加入米酒拌勻，倒入模具中。

3 放在蒸架上，外鍋一杯水蒸煮，加保溫時間約半小時後，再加入蛋黃，外鍋半杯水續蒸煮約 15 分鐘。

小廚娘貼心 *Tips!*

1 可以在南北貨店買到生的鹹鴨蛋，把鹹鴨蛋和雞蛋的蛋白混合，在一起風味更好。

2 蒸蛋料理要記得電鍋蓋留點縫，能減少氣泡讓成品更漂亮，放涼冷藏至隔天脫膜後，切除不平整的部分後，切片即可盛盤食用。

海苔豆皮

🍲 3 人份　⏱ 10 分鐘

在素菜餐廳吃到的這道料理，當開胃前菜或是便當配菜都很適合，裡面也可捲四季豆或紅蘿蔔絲，或是把海苔捲在外面，同樣作法能很多種變化。

| 食材 |

生豆皮 約 300g
海苔 兩大片
香菇素蠔油 兩大匙
香油 一茶匙

| 步驟 |

1. 生豆皮攤開鋪好，均勻抹上素蠔油，放海苔後等其軟化後捲緊。

2. 外鍋半杯水蒸煮約十分鐘。

3. 放涼後用保鮮膜捆緊冷藏半小時或半天後取出分切即可。

小廚娘貼心 *Tips!*

生豆皮可以在有機超市冷凍區，或傳統市場的豆腐店買到，一次不要買太多，趁新鮮盡快食用完畢。

Chapter

3

燉菜一鍋搞定好方便

不麻煩一鍋煮料理提案，
一日三餐讓食材變好菜，無油煙一鍋到底，
完全改變廚房樂趣。

豬皮白菜滷

🍲 4 人份　⏱ 1 小時

白菜滷應該是全台灣小孩都熱愛的家常菜吧！放學的童年，只要有白菜滷我就會狂吃，還帶便當～當餐菜梗還有點清脆的口感，或隔餐整個燉軟的白菜都好美味，是秋冬餐桌非常必要的暖暖蔬食。

┃食材┃

香菇（涼水泡軟後切絲）4 朵

蝦米（洗淨）20g

老薑 一片

去皮蒜頭 一瓣

大白菜 500g

炸豬皮（熱水沖洗過）約一杯

清水／日式高湯／豬骨或雞骨高湯 300ml

● 調味料

醬油 一大匙

蠔油 一大匙

烏醋 一大匙

白胡椒 適量

香油 一茶匙

┃步驟┃

1 熱鍋加一匙油，蝦米、薑片、大蒜和瀝乾的香菇下鍋，中小火翻炒三分鐘。

2 把作法 1 及其他食材放入內鍋，外鍋兩杯水蒸煮。

3 煮到開關跳起時先不開蓋，燜著保溫時間約一小時後，試吃並依喜好調味即可。

─── 小廚娘貼心 Tips! ───

1 調味料的分量可依喜好調整。

2 有很多可以用來變化組合的食材：扁魚、蝦皮、黑木耳絲、紅蘿蔔絲、豬蹄筋、豬肉絲等，自己做的量比較豐富，之後去外食吃三十塊兩片葉子都會覺得…還是自己煮吧（笑）

燉菜 一鍋搞定好方便

安東燉雞

🍲 4 人份　⏱ 45 分鐘

韓式料理中最能滿足孩子的就是這道安東燉雞啦！

用微甜醬汁燉煮各種香甜柔軟的根莖蔬菜、肉汁醇美的雞腿肉、還有 Q 彈的韓式冬粉。最後撒上的白芝麻和香油也是重點唷～挑選辣度低的辣椒並且去籽就能香而不辣，或是省略掉辣椒也 OK 的喔，反之嗜辣的朋友就多加一些辣椒吧！

| 食材 |

雞肉 500g	青蔥 一根	● 醬汁
韓國冬粉 100g	青辣椒一根	醬油 4 大匙
洋蔥 一顆 約 300g	紅辣椒 一根	黑糖 一大匙
紅蘿蔔 半根 約 120g	白芝麻 一大匙	雞高湯 500ml
馬鈴薯 兩顆 約 200g	麻油 一茶匙	
	蒜末 半茶匙	
	黑胡椒 少許	

| 步驟 |

1 雞肉加入蒜末和黑胡椒，冷藏醃漬隔夜或一小時；韓式冬粉泡水約一小時軟化，用剪成 15 公分左右；洋蔥、紅蘿蔔和馬鈴薯切塊，辣椒斜切片，蔥白切段（蔥綠切花另外盛起）備用。

2 雞肉、剛才切好的蔬菜和醬汁全部放在內鍋中，外鍋放一杯水約半小時煮好。

3 加入冬粉，外鍋放半杯水約 15 分鐘煮好後，試吃調味，最後淋上香油、撒上蔥花和炒過的白芝麻即可。

小廚娘貼心 *Tips!*

1 選擇韓國冬粉是這樣口感可以很韓風，和台灣冬粉口感很不同喔。可在全聯、家樂福等超市賣場都能找到，網路在 pchome、momo 等也很容易買到。

2 如果不吃辣的人，材料中的青辣椒、紅辣椒可省略不放。

み 韓國冬粉

和風大根燉牛肉

🍱 4 人份　⏲ 2 小時

用日式湯底燉出來的風味，比台式紅燒更清爽，是女生更喜歡的做法，也很適合幼年的孩童，溫和又有深度的甘甜滋味，讓人憶起漫畫深夜食堂的故事情節。

| 食材 |

牛腱 一條（約 400g）

洋蔥（切大塊）一顆

老薑 兩片

日式高湯或清水 600ml

白蘿蔔（去皮切塊）一根

日式醬油 兩大匙

味醂 兩大匙

| 步驟 |

1. 牛腱切大塊，放入滾水中汆燙去血汙，湯頭會較少雜質。

2. 薑片、洋蔥和牛肉放入內鍋，外鍋兩杯水加保溫時間約一小時。

3. 撈去表面浮油後，加入白蘿蔔、醬油和味醂，試過味道調整醬油的量，外鍋兩杯水加保溫時間約一小時即可。

小廚娘貼心 Tips!

牛腱除汆燙外，還可以放在烤箱中稍微烤一下，只要表面變色即可，這樣湯頭會較少雜質。

和風蘿蔔泥燉雞

🍱 2 人份　⏱ 45 分鐘

大量的蘿蔔泥在煮物中，像是冬末春初雨同雪飄落的霰，日本很浪漫的稱其為「雪見鍋」，可以讓料理吃起來更清爽甘甜。這道料理無論是配飯或烏龍麵都非常適合！

| 食材 |

切塊雞腿 一大隻（約 400g）

鹽巴 半茶匙

白蘿蔔 1/4 根（約 200g）

日式醬油 兩大匙

味醂 兩大匙

蜂蜜（可略）一大匙

麻油 一大匙

日式高湯 500ml

蔥花和七味粉（可略）少許

| 步驟 |

1 中小火將雞腿皮煎至金黃，這樣可以去除多餘油脂並為料理添香。

2 所有食材放入內鍋，外鍋兩杯水燉煮約 40 分鐘。

3 試吃調味後盛盤，撒上蔥花及七味粉。

─ 小廚娘貼心 *Tips!* ─

因為這道料理比較費時，建議不要減少分量，多做一些可以分裝冷凍保存約三個月。

客家蒸芋泥

🍱 4 人份　⏱ 2 小時

先是用紅蔥頭和五花豬絞肉拌炒，這個步驟會讓所有客家人都想起他們的阿婆～光是用來拌麵，也好好吃！接著就是在大碗裡或小鍋子填入芋泥和油蔥豬肉，再蒸會兒讓芋泥好好吸收油香，吃到的朋友都會淪陷在那神奇的美味裡。

| 食材 |

豬絞肉（五花肉的部位）100g

紅蔥頭（切碎）三顆

醬油 一大匙

芋頭（去皮切塊）一顆

| 步驟 |

1 用中小火將豬絞肉和油蔥拌炒約 15 分鐘，以醬油調味。

2 芋頭放到電鍋內，外鍋一杯水蒸煮，加保溫時間約半小時。用食物調理機或果汁機打成芋泥，加少許鹽巴調味。

3 在碗內放入芋泥和油蔥肉燥。 外鍋一杯水蒸煮，加保溫時間約一小時即可。

小廚娘貼心 Tips!

芋頭得戴手套處理削皮才不會過敏發癢，或是在外鍋放一杯水，芋頭放在蒸架上蒸個 10 分鐘，取出放涼再削皮也可以，不過蒸熟後如果要手壓泥，乘熱比較好壓能泥狀，不要放涼太久。

紅燒牛三寶

每年的國際台北牛肉麵節，讓全世界都知道紅燒牛肉麵在台灣人心目中的地位，如果家族聚會時能有一鍋紅燒牛肉，最好還要有牛筋牛肚變成紅燒三寶，就能讓親朋好友開心的飽餐一頓啦！

| 食材 |

醬油 100ml

牛高湯 2.5L

牛筋 兩條（約 400 克）

牛肚 約 600g

牛腱 兩條約 800g

洋蔥對（半切）一顆

紅蘿蔔（切大塊）一條

冰糖 兩大匙

● 辛香料

花椒 一大匙

老薑 兩片

豆瓣醬 一大匙

| 步驟 |

1 中小火熱鍋，下油和辛香料翻炒出香氣，再加入醬油燒至微滾後，加入清水或牛骨高湯，放入牛筋，外鍋兩杯水燉煮加保溫時間一小時，重複兩次共兩小時。

2 加入洋蔥、紅蘿蔔、冰糖、牛腱和牛肚，外鍋兩杯水加保溫時間一小時，重複兩次共兩小時。

3 牛腱、牛筋和牛肚夾出切片，湯底過濾後試喝調味備用。搭配麵條和青菜即可享用。

小廚娘貼心 Tips!

因為這道料理比較費時，建議不要減少分量，多做一些可以分裝冷凍保存約三個月。

燉菜一鍋搞定好方便

家常紅燒肉

🍲 2 人份　⏱ 2 小時

我小時候很喜歡吃肥豬肉，每次有紅燒豬五花，我就會用筷子把肥肉剁到白飯裡，澆了湯汁唏哩呼嚕超下飯～ 以前長輩會說「老滷」是紅燒肉的菁華，但現在科學證實得知，用「高湯」來做紅燒就能擁有相同美味，避免老滷裡變動因素和過氧化物，新時代煮婦可以有更簡單的紅燒方法喔。

食材

豬五花 400g

蔥 一根

老薑 兩片

蒜頭或紅蔥頭 一瓣

醬油 100ml

冰糖 一大匙

豬高湯 500ml

豆干 400g

步驟

1 豬五花可以先煎過或烤至金黃，去油增香。

2 將所有食材放到內鍋，外鍋兩杯水加保溫時間熱一小時。

3 試個滷汁的味道，用醬油和冰糖調整後，外鍋兩杯水煮至開關跳起，先不要開蓋繼續保溫時間熱一小時即可。

小廚娘貼心 *Tips!*

可以依喜好加滷包或香料，參考份量：花椒一茶匙、八角 1/5 顆、桂皮少許、丁香 2 顆等。

關東煮高麗菜卷

每每買到漂亮的高麗菜，總會仔細取下外層完整大片的菜葉，心念著跟昆布柴魚高湯煮的高麗菜捲，日本媽媽捲的不只肉餡，還有想讓你同學各種稱羨。

| 食材 |

高麗菜 四片

日式高湯 300ml
（做法請見 101 頁）

● 肉餡

豬絞肉 150g

紅蘿蔔碎 30g

日式醬油 一大匙

味醂 一大匙

薑泥 少許

| 步驟 |

1 內鍋放入菜葉，外鍋半杯水蒸煮 10 分鐘。

2 取適量肉餡放在菜葉上，梗的部分往內折，左右亦往內折，向上捲緊即可。

3 菜卷和高湯放入蒸盤，外鍋一杯水蒸煮約 20 分鐘。

小廚娘貼心 *Tips!*

1 高麗菜葉從底部用小刀切開分離菜梗，在水龍頭下沖刀的切口，便比較容易剝開完整菜葉。

2 高麗菜捲包法三步驟。

超下飯的！

鹹蛋蒸肉

🍲 2 人份　⏱ 30 分鐘

鹹蛋蒸肉是簡單的家常料理，吃鹹蛋最愛蛋黃，細綿香滑軟糯又帶細細流沙的口感，真的讓我會閉目品嘗陶醉不已～ 但是蛋白的部分會吃不完…後來想到這個做法，把鹹蛋白剁碎和絞肉拌勻，完全把鹹蛋提升到完美境界！

| 食材 |

豬絞肉 150g

鹹蛋 一顆

蔥末 一茶匙

薑末 半茶匙

蒜末 半茶匙

白胡椒 少許

米酒 一大匙

細砂糖 半茶匙

香油 半茶匙

| 步驟 |

1 豬絞肉和調味料拌勻，加入切碎的鹹蛋白和辛香料拌勻。

2 盛入陶瓷盅內，中間放入鹹蛋黃。

3 外鍋一杯水約半小時蒸熟即可。

小廚娘貼心 *Tips!*

絞肉可以依照個人喜好選擇肥瘦比例，這樣才是每個家的味道，不敢吃肥肉者可以全瘦肉，只是口感不會那麼滑嫩。

油亮亮滷豬腳

🍲 4 人份　⏱ 2 小時以上

用啤酒酵素讓肉質多汁軟嫩，大麥、啤酒花、蓬萊米等釀造出的獨特香氣，讓滷汁層次豐富，加上麥芽糖不但平衡啤酒苦味，更讓豬腳閃耀誘人亮澤，富含膠原蛋白讓唇頰沾黏美味菁華，無論是配飯或麵線都超無敵。

| 食材 |

豬腳 一隻（約800g）
啤酒 200ml
清水或豬高湯 500ml
醬油 100ml
蒜頭（去皮）一瓣
乾辣椒 一根
老薑 三片
蔥段或蒜苗 一根
麥芽糖 1-2 大匙

| 步驟 |

1 豬腳稍微清洗過後，放入內鍋加自來水醃過豬腳，外鍋放一杯水，等半小時後取出沖冷水洗乾淨。

2 除了麥芽糖，其他所有食材放入內鍋。外鍋放兩杯水＋保溫時間一小時，重複這個動作總共兩小時後，開蓋試豬腳柔軟度。

3 加入麥芽糖拌勻，外鍋一杯水續煮再加保溫時間半小時後開蓋，試吃後可依各人口味再行增減調味即可。

— 小廚娘貼心 *Tips!* —

1 豬腳較堅硬，一般家裡菜刀不好切斷，建議請肉販剁好適當大小，回家處理起來較方便。

2 步驟 1 裡先蒸再沖冷水主要是讓肉質緊實，用油煎香也是為了讓滷豬腳上色也增香氣。

燉菜一鍋搞定好方便

55

馬鈴薯燉肉

🍲 3 人份　⏱ 40 分鐘

如果日本有新娘學校，料理學分的第一堂課應該會是馬鈴薯燉肉（笑），這是在日本老公票選前三名，下班最想吃到的菜色！療癒系的家常燉煮料理，感覺可以卸除打拚事業的壓力呀～

| 食材 |

豬肉片 300g
日式醬油 兩大匙
味醂 一大匙
蒟蒻 100g
馬鈴薯 兩小顆（約 200g）
洋蔥 半顆（約 150g）
紅蘿蔔 半根（約 100g）
豌豆莢 100g

| 步驟 |

1 豬肉片加入醬油和味醂，蒟蒻用熱水燙過，馬鈴薯去皮切塊、洋蔥切片，備用。

2 除了豌豆莢之外的食材放入內鍋，外鍋放兩杯水烹煮至開關跳起，開蓋試吃並調味。

3 將豌豆加入內鍋，外鍋放 1/3 杯熱水續煮大約五分鐘即可。

> 小廚娘貼心 *Tips!*
>
> 最後再加入豌豆稍微熱煮一下，是為了保持色澤脆綠，若一開始就加入燉煮，不只顏色不綠，還可能煮的太過軟爛。

客家梅干肉丸

🍱 10 人份　⏱ 40 分鐘

有名的梅干扣肉是道經典的客家菜，家常版本就是這個梅干菜肉丸，肥瘦分布均勻，每口都有梅干菜香，是我最愛的媽媽味。

| 食材 |

豬絞肉 600g
梅干菜 一撮

● 調味料
醬油 一杯
香菇素蠔油 3 大匙
熱開水 兩杯

| 步驟 |

1 將梅干菜以流動的清水沖洗乾淨，擠乾水分後切小段，再和豬絞肉拌勻。（有食物調理機的可用機器均勻攪拌，若無以手均勻稍拌好後，以同一方向拌至肉稍有黏性。）

2 將肉餡利用虎口或以雙手揉成小圓球，再以雙手中拋接互丟幾次，把空氣打出來後排入內鍋盤內，加入調味料，外鍋放一杯水蒸煮半小時。

3 開蓋，將肉丸翻面，外鍋再放一杯水續蒸煮至開關跳起即可。

> ### 小廚娘貼心 *Tips!*
>
> 梅干菜稍微泡下冷水後再沖洗乾淨，可以洗去表面多餘鹽分及因日曬時可能有的落塵。
>
>

Chapter
4

海鮮家常鮮滋味

最適合初學者的請客菜，
海味魚蝦處理不用怕，簡單蒸煮調味，
一個按鍵就變身餐桌上噴香夠味佳肴。

酒蒸蛤蜊

🍲 2 人份　⏱ 15 分鐘

在居酒屋超喜歡的酒蒸蛤蜊，現在各國都有不同的版本，台式熱炒有塔香蛤蜊是加米酒和九層塔、歐洲有白酒蛤蜊是加白葡萄酒和羅勒，日本則用清酒和蔥花，都是簡單組合帶出蛤蜊那引爆小宇宙的鮮味！日本版的重點在於…奶油！深夜食堂師傅會很慎重的把奶油加入鍋內，讓醇香油脂把辛香料的風味變得柔和溫暖～

| 食材 |

蛤蜊 600g
蒜末 1/2 茶匙
薑泥 1/2 茶匙
清酒 100ml
奶油 15g
蔥花 一大匙

| 步驟 |

1. 奶油、薑蒜末和洗淨的蛤蜊放入內鍋中。
2. 外鍋半杯水按下開關，待 5 分鐘後蒸氣冒出，再將蛤蠣放入電鍋蒸 10 分鐘。
3. 盛入深盤，淋上湯汁並撒上蔥花即可。

--- 小廚娘貼心 Tips! ---

蛤蜊吐沙法：蛤蜊買回家若不是馬上煮，不要加水直接冷藏可保存 2-4 天，烹煮前兩個小時，取出泡在濃鹽水中（1L 清水＋兩大匙／30g 鹽巴）菜市場買的話可以問問老闆蛤蠣回去是否還需要吐沙。

超市可以買到真空包，包裝上會註明是否需要吐沙。

味噌蒸魚

🍱 2 人份　⏱ 20 分鐘

味噌甘醇濃厚的餘韻襯托出白肉魚的鮮美,豆腐佐以菁華湯汁,是做法簡單卻層次豐富的家常電鍋菜。關於味噌,日本江戶時代有句諺語:「與其花錢看醫生,不如花錢買味噌。」由黃豆、穀類,加鹽和麴菌等,經過自然發酵而成的味噌,能提供修護身體的必需胺基酸,還有乳酸菌與酵素有助消化。

| 食材 |

珍鱸魚（半月切一片）150g
味噌 兩大匙
嫩豆腐 兩片（約50g）
七味粉或細蔥花（可略）少許

| 步驟 |

1. 先在魚片抹上味噌,放冰箱冷藏醃漬約一小時（待入味,時間再久一點也可以）。

2. 在盤內先鋪上豆腐,再放上醃好的魚片後放入電鍋內。

3. 外鍋放一杯熱水,蒸煮15分鐘,再依喜好綴以七味粉或是細蔥花即可。

小廚娘貼心 *Tips!*

一般來說,白肉魚的風味較清爽,用來做清蒸或水煮。也可依各人喜好替換其他白肉魚來料理,除了珍鱸魚,鱈魚、海鱺、石斑、鱸魚、比目魚、青斑等白肉魚都可以這樣烹調。

泰式檸檬魚

🍽 2 人份 ⏱ 15 分鐘

泰式檸檬魚是餐廳的熱門料理，在家做起來簡單無油煙，是夏日必做的菜色唷！蒜末、辣椒和檸檬汁構成開胃的酸香辣，加上泰式靈魂「魚露」更上料理充滿鹹鮮滋味，最後點綴上香菜和檸檬片絕對讓食客胃口大開唷！

┃ 食材 ┃

鱸魚片 250g
檸檬片 2-3 片
香菜（切碎）一小株

● 醬汁
　蒜頭（切碎）一瓣
　辣椒（切碎）半根
　砂糖 一茶匙
　魚露 半茶匙
　檸檬汁 半顆

┃ 步驟 ┃

1. 電鍋外鍋一杯水按下開關預熱，同時在魚皮身上劃淺刀痕後淋上拌勻的「醬料」。
2. 待電鍋冒出蒸汽後，將放了魚的蒸盤進電鍋中蒸約五分鐘。
3. 點綴上切碎的香菜和檸檬片即可。

> 小廚娘貼心 Tips!
>
> 這是魚片的作法，如果是整尾的魚在蒸煮的時間上要適時的拉長。

剝皮辣椒蒸魚

料理靈感是來自湘菜的剁椒魚頭，湖南有剁椒，而台灣的剝皮辣椒可不輸人！用來蒸魚開胃微辣不搶戲，這道料理記得用湯匙吃，帶著蒸煮出的湯汁吃，更是味好鮮美的幸福。

🍲 3 人份　⏱ 15 分鐘

| 食材 |

鱸魚一尾（約450g）、米酒一大匙、鹽巴少許、剝皮辣椒三條（斜切片約30g）、剝皮辣椒湯汁兩大匙、不辣的大辣椒一根（斜切片）、香菜一小株、香油約一茶匙

| 步驟 |

1 魚放在蒸盤上，抹上米酒及鹽巴。 剝皮辣椒斜切片，部分放入魚腹，其餘放於其上。

2 加上辣椒及湯汁，外鍋一杯水，約蒸15 分鐘。

3 盛盤撒上香菜並淋少許香油即可。

樹子蒸魚

樹子蒸魚應該是每個媽咪都會做的家常菜，但傳統需要澆熱油給蔥絲提香的步驟，我改成把蔥絲和香油拌勻，用電鍋稍微加熱一下，如此可以大幅減少油量，也更為省事方便：）。

🍲 2 人份　⏱ 20 分鐘

| 食材 |

魚片 200g、樹子兩大匙、樹子湯汁兩大匙、蔥絲半根、老薑一片

| 步驟 |

1 豆腐切片置於盤底。放上魚片、樹子及樹子湯汁。

2 外鍋放一杯水和蒸架，預熱五分鐘後，將蒸盤放入電鍋蒸十分鐘。

3 蔥絲、薑片和香油拌勻，蒸煮加熱 30 秒，把蔥絲放到魚片上即可。

涼拌五味透抽

🍱 3 人份　⏱ 10 分鐘

五味醬是冷盤海鮮的絕配醬料，在台菜餐館的海鮮冷盤，無論是鮮蝦、九孔、花枝等，都會配上五味醬來佐食。酸甜鹹香辣的醬料佐以鮮美海味，是辦桌熱鬧的記憶。在家裡用的番茄醬和醬油膏品質比海港餐廳好，風味自然更加乘。

| 食材 |

透抽或中卷 兩隻（約 230g）

米酒 一大匙

鹽巴 1/4 茶匙

香油或麻油 一茶匙

● 五味醬

蒜末 一茶匙

薑泥 一茶匙

辣椒末 少許

米醋 一茶匙

醬油膏 一大匙

番茄醬 三大匙

香菜或蔥切末 一小株

冰水 兩大匙

| 步驟 |

1 先將五味醬調好冷藏備用。（前日先備亦可，但香菜蔥花當天再加才能保持翠綠）

2 透抽處理好，放在蒸盤加上米酒、鹽巴和香油，外鍋一杯水預熱五分鐘。

3 待水稍微熱時，放入內鍋內蒸五分鐘，取出將透抽泡冰塊水降溫，瀝乾水份後盛盤並佐以五味醬享用。

藥膳花雕蝦

🍲 2 人份 ⏱ 30 分鐘

冬天吃來暖胃，而夏日則可以冰鎮冷食　醉人酒香帶有淡淡藥膳味，蝦子鮮美口感Q彈，不說做法多簡單，讓親朋好友都以為你跟大廚偷學步！再燙個麵線和青菜，配鮮美的花雕藥湯，這樣吃真的很享受～

| 食材 |

鮮蝦 300g

花雕酒或紹興酒 100ml

當歸 一片

黃耆 五片

老薑 一片

紅棗 三顆

枸杞 一茶匙

| 步驟 |

1　牙籤插入蝦子背部抽出蝦腸。

2　花雕酒、當歸、黃耆、老薑、紅棗和清水放入內鍋，外鍋一杯水約 20 分鐘。

3　外鍋放半杯熱水，鮮蝦和枸杞放入內鍋蒸 3 分鐘即可。

小廚娘貼心 *Tips!*

1 蝦仁去腸泥很重要，要怎麼挑呢？
　請看步驟 123

2 電鍋內可架二層蒸盤，下方可以煮麵
　線，這樣一鍋二菜很方便。

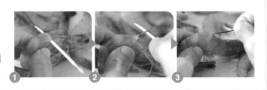

蒜蓉鮮蝦粉絲煲

3 人份　30 分鐘

最喜歡鮮蝦底下吸飽美味菁華的冬粉，傳統使用砂鍋燒製，改用電鍋蒸煮零失敗！先剝蝦頭吸吮蝦膏，剝除蝦殼後，再把蝦肉配著冬粉一起吃，全家人都忙得滿足快樂～ 可以將一大匙的醬油膏改用沙茶醬或咖哩，就能變化出不同風味。

| 食材 |

鮮蝦 300g
寬冬粉 一把（約 50g）
香菜或蔥花 一小把

● 醬汁
清水 150ml
醬油膏 兩大匙
薑末 半茶匙
蒜末 一茶匙

| 步驟 |

1. 冬粉泡水 15 分鐘備用，醬汁打碎，或是將辛香料用刀切末後，將冬粉與醬汁混合。

2. 粉絲和醬汁放入蒸盤，外鍋杯水蒸煮 15 分鐘。鮮蝦剪除刺鬚、蝦腳，剔除泥腸。冬粉和醬汁攪拌均勻，鮮蝦放入蒸盤。

3. 外鍋半杯水待冒蒸氣後放入電鍋，蒸煮十分鐘後，盛盤撒上香菜或蔥花。

─ 小廚娘貼心 Tips!

這是粗式的冬粉泡水後較易熟成，吸飽鮮蝦海味的醬汁一起吃很棒。也可依各人喜好買古早味冬粉。

醬燒虱目魚

🍲 2 人份　⏱ 30 分鐘

台南人習慣用西瓜綿煮虱目魚湯，鮮酸的滋味在夏日頗為開胃，我改用醬燒，就是覬覦那鮮美鹹香的湯汁，用來拌飯多幸福呀！西瓜綿可以改用醃瓜、破布子、鹹冬瓜…隨你方便採買到什麼取代，就是不同的層次風味，都會很好吃的。

| 食材 |

虱目魚肚 一片（約 250g）
蔥段 一根（約 10g）
蒜頭 三瓣
老薑 三片
西瓜綿或蔭瓜（切片）30g

● 醬汁
醬油 兩大匙
冰糖 一茶匙
清水 50ml

| 步驟 |

1 中火熱煎鍋加少許油，虱目魚肚皮面用廚房紙巾擦乾，撒點麵粉後放入熱鍋中煎至二面金黃。（此步驟可略，只是煎過會比較香）

2 先將蔥薑蒜鋪於蒸盤內，再放上虱目魚肚和西瓜綿，淋上拌勻的「醬汁」。

3 外鍋一杯水蒸煮約 20 分鐘即可。

─ 小廚娘貼心 *Tips!* ─

西瓜綿是為了確保西瓜能有足夠養分長大，會將較醜或幼小的摘除，保留最漂亮的長大，節儉的農民將幼瓜以鹽醃發酵成酸鹹的西瓜綿。可用來煮魚湯、炒肉絲等家常菜。

鴻禧菇蒸鮭魚

🍽 2 人份　⏱ 15 分鐘

過年的時候你可以在菜單上將這道菜名寫成「鴻禧珍貴福有餘」，用和風醬油和味醂調製，加上菇蕈釋出的水分和鮭魚油脂，日常好下飯，年節端上團圓飯桌也可以！

| 食材 |

鮭魚 一片（約 200g）

鴻禧菇 一包（約 100g）

蔥白段 少許

蔥花少許

和風醬油 兩大匙

味醂 一大匙

| 步驟 |

1 在內鍋蒸盤上放鮭魚和鴻禧菇，淋上醬汁。

2 將步驟 1 的蒸盤放入電鍋中，外鍋一杯水，約蒸煮 15 分鐘。

3 開蓋後盛盤，最後撒上蔥花或七味粉即可。

韓式辣煮秋刀魚

🍱 4 人份　⏱ 60 分鐘

很便宜的秋刀魚富含豐富營養，維生素 D、B12、DHA⋯抒壓補腦又健鈣，搭配蘿蔔燉煮在微辣的醬汁裡，多汁柔軟又下飯！冒著氤氳的醬汁澆飯特別美味，生活即便拮据也能過得恬適自在。

| 食材 |

秋刀魚 3 條（約 500g）

白蘿蔔 半條（約 400g）

青蒜或蔥（斜切片）一根

青辣椒和紅辣椒（斜切片）各一根

● 醬汁（辣度低的）

醬油 3 大匙

糖 一大匙

米酒 兩大匙

蒜泥 一茶匙

薑泥 一茶匙

辣椒粉 一茶匙

和風高湯或清水 500ml

| 步驟 |

1 蘿蔔去皮切片備用。秋刀魚去頭尾，腹部劃開清除內臟，放在鍋子裡用流水清洗，約 15 分鐘去除血水。

2 蘿蔔、秋刀魚和所有醬汁材料調好後一起放入內鍋，外鍋一杯水蒸煮約 20 分鐘。

3 略燜一下後開蓋，試試味道再依各人喜好調味，稍微用筷子調整讓食材均勻入味，加入蒜苗和辣椒，外鍋一杯水再蒸煮 20 分鐘即可。

小廚娘貼心 Tips!

1 秋刀魚的內臟會有點苦苦的，如果沒有事先去除掉，會影響整道菜的口感。

2 蘿蔔要切成相同的厚片狀，熟成時間才會一致。

豬雞牛住家好料理

大口吃肉的健康菜，
少油料理辛香調味，
下酒好菜依舊風味濃厚，家常請客都好食。

松阪豬佐檸香醬汁

🍲 2 人份　⏱ 30 分鐘

整塊松阪豬交給電鍋，料理起來真的超方便。如果和白飯一起蒸更聰明，豬肉鮮美的湯汁分享給米粒，飯蒸出來還有點油亮香氣。清爽檸檬汁調製的醬汁也是夏日開胃祕訣，絕對是忙碌生活或廚藝新手的冠軍食譜！

| 食材 |

松阪肉 一片（約 200g）
鹽麴 一大匙

● 檸香醬汁
檸檬汁 一大匙
醬油 兩大匙
辣椒片 三片
香菜（切碎）一小株

| 步驟 |

1. 松阪肉抹上鹽麴，冷藏一小時以上或隔夜至入味。（沒有鹽麴的話可以用 1/2 菜匙的鹽巴代替）

2. 將步驟 1 放入電鍋中，外鍋一杯水蒸熟，可以將肉和飯一起蒸讓肉鮮美的湯汁滲入飯中。

3. 檸香醬汁拌勻，先將蒸熟的松阪豬取出，切片盛盤，搭配醬汁享用。番茄和米飯拌勻，盛出即可搭配一起食用。

小廚娘貼心 Tips!

步驟圖 2 中示範就是和番茄飯一起蒸煮，內鍋的水量就以米飯量的多寡來設定即可。

泡菜豬肉捲玉米筍

🍱 2 人份　⏱ 20 分鐘

韓式泡菜和豬肉向來是投緣的搭擋食材，用來捲起清甜玉米筍，便是很受女性歡迎的低卡料理。同樣的做法，玉米筍可以替換成皎白筍、鴻禧菇或杏鮑菇等都可以喔～

| 食材 |

豬肉片 七片（約 100g）

泡菜切 小塊（約 50g）

玉米筍 七根（約 100g）

● 醃料

泡菜湯汁 兩大匙

醬油 一茶匙

| 步驟 |

1　豬肉片平鋪放在蒸盤上，淋上醬料稍微塗抹均勻。

2　在一片豬肉片上放玉米筍及少許泡菜後捲起。（重覆此動作直到做完）

3　將豬肉卷連同蒸盤放入電鍋中，外鍋一杯水蒸煮約 20 分鐘，盛盤後點綴少許泡菜即可。

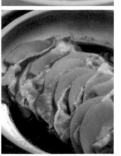

南瓜蒸肉

外婆的南瓜燉肉很受兒孫歡迎，鬆甜的南瓜，和鹹香入味的豬肉，總是當餐熱銷完食。但家裡只有三口小鳥胃，想複製外婆的口味，改用薄切南瓜和肉片，縮短 1/3 的料理時間，分量也更好掌控。

| 食材 |

豬肉片 250g
南瓜 250g
● 檸香醬汁
醬油 兩大匙
香菇素蠔油 一大匙
米酒 一大匙

| 步驟 |

1. 南瓜去皮去籽後，切薄片。

2. 蒸盤依序擺上南瓜，肉片，在肉片上淋醬汁材料。放入電鍋中，外鍋一杯水蒸煮約 20 分鐘。

3. 開蓋，取出，試吃後若覺不足可再調味後盛盤享用。

小廚娘貼心 Tips!

豬肉片選梅花或五花肉都可以，現在市售的火鍋肉片選擇多元，可依各人喜好選購。

蒜泥白肉

🍱 3 人份　⏱ 30 分鐘

老公在英國留學時，曾用這道菜征服歐洲人的胃！明明是簡單到不行的電鍋菜，卻讓整棟宿舍的學生，都以為他是台灣大廚（笑）層次分明的五花肉，配上辛香微辣的醬汁，絕對是餐桌上家常不敗的簡單料理。

| 食材 |

豬五花肉 一條（約 200g）
米酒 一大匙
老薑 三片
蔥段 一根
鹽巴 一茶匙
清水 300ml

● 醃料

蒜末 兩大匙
醬油膏 兩大匙
冰水 兩大匙
辣椒末 少許
香菜碎（可略）一小株

| 步驟 |

1. 五花肉、米酒、老薑、蔥段、鹽和清水放入內鍋。

2. 所有醬汁材料拌勻。將步驟 1 放入電鍋裡，外鍋一杯水蒸煮加保溫時間約半小時。

3. 開蓋，取出放涼後切薄片，盛盤並淋上醬汁佐食即可。

─ 小廚娘貼心 Tips!

不喜歡香菜味道的人，醬汁裡香菜也省略不用。

百花香菇鑲肉

🍱 3 人份　⏱ 20 分鐘

偶爾來的「捲」「鑲」之類的技巧，會讓煮婦專業好感度大幅提升，厚實有彈性的鮮香菇，加入蝦肉及豬肉混合的內餡，無論在視覺效果，或吃起來都讓家人心滿意足～

| 食材 |

鮮香菇 約九朵
蝦仁 四隻（約25g）
太白粉或地瓜粉 少許
香菜和辣椒（裝飾用可略）少許

● 肉餡

蝦仁四隻（約25g）
絞肉 100g
香油 一茶匙
香菇蠔油 一大匙
米酒 一大匙
清水 一大匙
白胡椒粉 少許

| 步驟 |

1. 四隻蝦仁剖半，另外四隻切碎，肉餡混合均勻。
2. 鮮香菇去蒂頭後，撒上薄粉，依序壓上適量肉餡及蝦仁。
3. 放在蒸盤上，外鍋一杯水蒸煮約 20 分鐘即可。

小廚娘貼心 Tips!

如果沒有鮮香菇，用家中常備乾貨的乾香菇（大朵）也可以，要事先泡冷水至軟，就可以去蒂頭後鑲肉。

豬雞牛 住家好料理

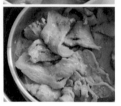

胡麻松阪豬

 2 人份 ⏱ 30 分鐘

胡麻味噌在和風料理很常出現，用來燉雞肉、根莖蔬菜或是拌烏龍麵都很美味，豬肉用松阪的部分比較軟 Q 油嫩，也可以改用低脂的里肌肉片。蒸煮過後肉汁讓胡麻味噌更鮮醇，很適合配飯喔！

| 食材 |

松阪豬肉片 300g
老薑 三片

● 胡麻味噌醬

白芝麻醬 一大匙
味噌 一大匙
味醂 一大匙
日式醬油 一茶匙
米醋 一大匙

| 步驟 |

1. 醬汁混合均勻後，將肉片和薑片放入醬汁中，冷藏醃一小時或隔夜。

2. 將步驟 1 放入電鍋裡，外鍋一杯水，蒸煮 15-20 分鐘。

3. 開蓋盛盤後，加上裝飾用的配菜（小番茄、玉米筍、豆莢或青花菜等）更加分。

薑汁豬肉

很適合當便當菜的這道料理，就算不用開火也有漂亮醬色，日本人不嗜辣且口味偏甜，所以加少許的蜂蜜可以讓薑味變溫和，而在餐盤上可以用番茄片及生菜點綴。

| 食材 |

豬梅花燒肉片 200g
洋蔥泥 約一大匙
薑泥約 一茶匙
醬油 兩大匙
味醂 一大匙
清酒或米酒 一茶匙
蜂蜜（可略）一茶匙

| 步驟 |

1. 需要少量的薑泥和洋蔥泥，可以用這種磨泥器很方便。
2. 所有食材在蒸盤內混合均勻。
3. 外鍋一杯水大約 30 分鐘蒸煮完成即可。

— 小廚娘貼心 Tips!

燒肉片比火鍋肉片稍微厚一點，比較有咀嚼的口感。

豉汁排骨

🍲 2 人份　⏱ 30 分鐘

這道港式飲茶經典的點心，排骨肉香和豆豉鹹鮮真是絕配，蒸出來的口感滑嫩又不油膩。第一次吃到豉汁排骨驚為天人，原本只是因為喜歡的點心還沒上桌，隨便先吃吃友人點的豉汁排骨，沒想到一試成主顧，每次吃港式飲茶都必點！成為煮婦之後才知道原來做法很簡單呢！

| 食材 |

豬小排 300g
太白粉或藕粉 一大匙
蒜頭（切碎）一茶匙
辣椒（切片）半根
濕豆豉一大匙

● 醃料
鹽巴 1/4 茶匙
醬油 半茶匙
米酒 一大匙
細砂糖 一茶匙

| 步驟 |

1 豬小排與醃料和勻，放置冰箱冷藏數小時更入味，再次攪拌均勻後，撒入太白粉拌勻，與蒜碎、辣椒和豆豉拌勻。

2 外鍋一杯水，蒸半小時後完成。

3 在知名茶樓吃到的版本還加了樹子，如果冰箱剛好有樹子，可以省略醬油，改加一大匙的樹子，顏色會更淡雅，香氣也會有別種層次。

| 小廚娘貼心 Tips! |

這道菜蒸煮出來的醬汁鹹味噴香，喜歡芋頭者可以先底層鋪少許芋頭小丁一起蒸，吸收排骨及醬汁的菁華，芋頭也好吃喔。

醬香白斬雞

🍴 2 人份　⏱ 20 分鐘

簡單把雞腿蒸熟後冷藏，就是帶有雞汁凍的白斬雞，沾蒜蓉油膏或客家桔醬我都喜歡，但家裡剛好有很多辛香料的時候，可以用這款醬料，簡單夠味。

| 食材 |

去骨雞腿排 一隻
鹽巴 1/4 茶匙
米酒 一茶匙
老薑 一片

● 醬料
蒸出來的雞汁 兩大匙
醬油 一大匙
烏醋 一大匙
辣椒末 一茶匙
蔥花或香菜末 一大匙
花椒油或香油 一茶匙

| 步驟 |

1. 雞腿淋上米酒，抹上鹽巴，底下墊著薑片放在內鍋中，外鍋一杯水蒸 20 分鐘。

2. 雞腿取出放涼，醬汁調勻，冷藏半小時以上備用。

3. 雞腿剁大厚片，淋上醬汁即可。

小廚娘貼心 Tips!

家裡有多的辛香料時，不一定限定這些，如果喜愛蒜頭或薑末者也可以自行加入或換，調成自己家的味道。

蔥油雞

食材和做法都非常簡單的料理，餐廳大廚會將蔥絲放在雞腿上，再澆熱油提香，改用雞腿本身釋放的油脂高湯，與蔥絲拌勻後蔥香分子均勻釋放，更加馥郁誘人。

| 食材 |

去骨雞腿 一隻
鹽巴 半茶匙
蔥（一半切段一半切絲） 一根
薑 兩片

| 步驟 |

1. 蔥切細絲後泡水冷藏備用。鹽巴抹在雞腿排上，冷藏 2-8 小時。

2. 蔥段薑片與雞腿放在蒸盤上，外鍋兩杯水蒸煮完成，雞腿排取出放涼後切片盛盤。（蒸好後將熱雞汁另外盛起保溫備用。）

3. 蔥絲瀝乾放到熱雞汁中拌勻，澆淋在雞腿片上即可。

| 小廚娘貼心 Tips! |

用鹽醃漬需要時間，冷藏可以長時間入味，保鮮不壞。

可樂雞翅

4 人份　30 分鐘

可樂開瓶消氣後就變得甜膩不好喝…怎麼辦？用來燉肉剛好，其中的碳酸軟化肉質，糖分則讓料理鹹甜回甘～雞翅細皮嫩肉最適合小孩吃了，湯汁更是不得了的下飯，老公加班回家還有愛妻消夜，配啤酒和水果，忍不住哼起：「我的家庭真溫暖，消夜雞翅好香軟！」

| 食材 |

雞翅 十隻（約400g）
蔥段 一枝
蒜片 一瓣
老薑 一片
醬油 100ml
可樂 300ml

| 步驟 |

1 雞翅洗淨，肉厚的部分劃以刀尖輕畫兩刀，能幫助入味。

2 將所有食材放入內鍋。

3 外鍋一杯水蒸煮約半小時，稍微悶一下待更入味，開蓋盛盤即可。

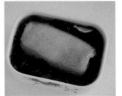

紹興醉雞

🍲 2 人份　⏱ 30 分鐘

醉雞是零失敗但又超級能端上檯面的宴客菜！如果只是家人要吃，連捆捲的步驟都省了。超簡單又超賺口碑的料理你一定要試試！偶爾想罪惡的煮一碗台酒花雕雞麵放兩片醉雞，豪華感激增，藥材的部分紅棗和枸杞是必備，其他藥材就看方便買或是家裡有的隨意加一些。

| 食材 |

去骨雞腿一片（約300g）
鹽巴 適量

● 紹興藥酒

紹興酒 300ml
紅棗 五顆
枸杞 一大匙
蔘鬚 三片
黃耆 六片
當歸 一片

| 步驟 |

1. 雞腿洗淨撒上一茶匙鹽巴抹勻備用。

2. 放在鋁箔紙上捲好後緊緊的綑起來（抓緊兩側在桌上滾動扭緊），放入內鍋蒸盤，外鍋一杯水加保溫時間半小時。

3. 取出沖泡冷水三分鐘後拆掉鋁箔，泡紹興藥酒的所有材料放入包鮮盒中，放入涼了的雞肉卷浸泡冷藏半天或隔夜即可。

--- 小廚娘貼心 *Tips!*

食用前再切片取出，如覺得不夠味可再淋上紹興藥酒增味添香。

牛肉捲青椒

靈感來自青椒炒牛肉，把青椒切成細絲，用雪花牛肉片捲起，省去大火爆炒的油煙，口感風味也都更好入口，也很適合作為便當菜喔！

🍴 2 人份　⏱ 10 分鐘

| 食材 |

牛肉片 180g、青椒一顆（約 100g）、沙茶醬一茶匙、醬油一大匙

| 步驟 |

1. 青椒縱向對切，去除籽和內部白膜，橫切成三段後，順紋切成細絲。沙茶和醬油拌勻備用。

2. 依序放好肉片、青椒絲、淋上少許醬料後捲起。

3. 外鍋一杯水蒸煮約 15 分鐘，盛盤享用。

> 比較講究的話，可將蒸煮出來的湯汁勾芡後淋上。半茶匙的藕粉和一大匙的清水輕壓拌勻，加入湯汁拌勻後微波 30 秒即可。

牛肉捲鴻禧菇

女生每個月事後，想要吃牛肉的請舉手，但勤儉煮婦又捨不得吃牛排，用肉片來捲鴻禧菇，滿足想吃牛肉又想省錢的心情，我先用味醂和醬油醃過肉片，配碗白飯有點壽喜丼的感覺，你如果超級懶，也可以不要捲，把鴻禧菇鋪在內鍋底部，肉放在上面蒸就好了。

🍴 2 人份　⏱ 20 分鐘

| 食材 |

牛肉片 200g、醬油膏約三大匙、味醂一大匙、鴻禧菇 100g（約一包）、青花菜 100g（約 1/3 顆）

| 步驟 |

1. 鴻禧菇切除根部，分剝成數小株。（可以先看看牛肉有幾片）

2. 牛肉平鋪後抹上醬汁，捲入鴻禧菇，擺在蒸盤上。

3. 外鍋一杯水蒸牛肉卷，十分鐘後放入青花菜再蒸五分鐘。

Chapter

6

煲鍋熱湯暖心暖胃

煲一鍋熱湯最療癒，
省去費時的燉煮時間，
加熱穩定的安全電鍋，煨出無可取代家的味道。

原味滴雞精

🍲 2 人份　⏱ 4 小時

用電鍋自製滴雞精，鍋中倒扣的大碗，裡面的空氣受熱膨脹後擠出碗內形成真空，冷卻時再將雞汁吸引到碗內，所以滴雞精會集中在碗中，一隻全雞大約可以做出 400ml 左右的量。除了掌握食材和烹煮過程，雞肉也能自行運用不浪費。腿肉和翅肉可以切碎煮成雞蓉玉米濃湯，或是雞蓉蛋花粥。比較乾柴的胸肉則適合切塊作為寵物鮮食。

| 食材 |

全雞（切塊）一隻

| 步驟 |

1 內鍋倒扣大碗公，雞肉切塊放入內鍋。用鋁箔紙將內鍋封住蓋好。

2 外鍋兩杯水加保溫時間一小時，此步驟重複四次。

3 放涼後將雞肉取出，碗公拿起來，用細網篩過濾。

小廚娘貼心 *Tips!*

冷藏後去除白色油脂，當日喝不完可以分裝冷凍保存。

白色油脂就是雞油，留下來可用來炒菜炒飯都特別香，但有三高或血脂高的老人家則少量食用。

白蘿蔔牛肉湯

🍲 6 人份　⏱ 2.5 小時

冬季的白蘿蔔清甜細嫩，燉牛肉湯來喝特別舒服，配飯或麵都是輕鬆的餐桌風景。用牛骨高湯或日式高湯都很好，白蘿蔔性涼，記得加兩片薑就能喝得暖胃又養生。

| 食材 |

白蘿蔔 一條（約 600g）

牛腱 一條（約 400g）

洋蔥（對半切）（可略）一顆

老薑 三片

高湯 2.5L

米酒 一大匙

鹽巴 適量

| 步驟 |

1 牛腱泡熱水五分鐘，取出切塊後，再次泡熱水五分鐘去除血水避免雜質浮沫。

2 內鍋放入高湯、牛腱和洋蔥，外鍋放兩杯水，燉煮加保溫時間約兩小時。（保溫時間較久）

3 以鹽調味試喝後，加入白蘿蔔，外鍋放一杯水，再次燉煮加保溫時間約半小時。（想吃白蘿蔔更軟透的人，可以多煮一下。）

小廚娘貼心 *Tips!*

家中如有氣炸鍋者，也能將牛腱表面炸上色或是以熱鍋煎上色，再放入電鍋中一起燉，湯品味道會更香。

白蘿蔔貢丸湯

🍲 4 人份　⏱ 20 分鐘

以豬骨湯為底的蘿蔔湯，適合搭配排骨、貢丸、蝦丸、香菜或芹菜等，而最重要的是要加很多白胡椒粉，冬季煮蘿蔔湯時可以加兩片薑，夏天可以改用大黃瓜或蒲瓜代替蘿蔔，口味變化都好吃。

| 食材 |

白蘿蔔半根（約 400g）

貢丸 八顆

老薑 兩片

鹽巴 一茶匙

豬骨高湯 2L

香油 一茶匙

| 步驟 |

1 貢丸切花，白蘿蔔去皮切塊。

2 所有食材放入內鍋，外鍋兩杯水。

3 按下開關大約 40 分鐘後，開蓋試喝調味即可。

─── 小廚娘貼心 *Tips!* ───

白蘿蔔是冬季盛產的蔬菜，有人說蘿蔔是窮人的人參，可見營養價值很高喔！挑選時要看表皮光滑有沒皺，拿起來沉重的較佳。

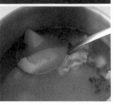

青木瓜排骨湯

🍱 6 人份　⏱ 1.5 小時

木瓜樹很神奇，即便是瘦小纖細的樹，也能結出一顆顆肥碩的木瓜！比起橙紅熟透的軟甜，我更喜歡清新細膩的青木瓜，與大骨高湯和排骨肉燉煮後，香醇微甘的滋味可是人人愛呢！當季很平價的青木瓜，就算不小心久放也就是等它熟透當水果，看到便宜就多買兩顆吧！

| 食材 |

豬高湯 2L
排骨 600g
青木瓜 一顆（600-800g）
薑片 兩片
枸杞 兩大匙
鹽巴 一茶匙

| 步驟 |

1. 排骨加高湯放入內鍋，外鍋兩杯水燉煮，加保溫時間共一小時。

2. 薑片、青木瓜和鹽巴加入內鍋，外鍋放一杯水燉煮約半小時（可再稍微燜一下）。

3. 開蓋，加入枸杞，並試喝後調味即可。

--- 小廚娘貼心 *Tips!* ---

青木瓜在七至十一月是盛產期，依節氣時令以盛產食材入菜，養生更美味。

剝皮辣椒雞湯

🍲 4 人份　⏱ 1 小時

陰雨的天氣最適合在家煲鍋雞湯。剝皮辣椒若有似無的辣度，剛好排除體內濕氣，更給增添雞湯鹹鮮層次。

| 食材 |

半雞 約一公斤
雞高湯 2L
剝皮辣椒罐頭 半罐（約250g）
乾香菇 六朵

| 步驟 |

1 乾香菇以常溫水泡發後，將所有食材放入內鍋，依喜好的湯量添加清水（至少蓋過雞肉）。

2 外鍋兩杯水，蒸煮加保溫的時間約一小時。

3 開蓋，撈去多餘浮油後，以鹽巴調味試喝即可。

── 小廚娘貼心 *Tips!* ──

剝皮辣椒是新鮮青辣椒經過處理醃漬而成，微辣微鹹滋味除了能直接配粥飯食用外，拿來燉湯、蒸肉調味都很棒。

鳳梨苦瓜雞湯

夏天苦瓜盛產，加上酸香的蔭鳳梨，煮成雞湯消暑降火氣，有時候買了新鮮鳳梨，我也會把纖維較粗的鳳梨心加到湯裡，湯頭會更鮮甜有層次喔！如果小孩對苦味比較敏感，要把苦瓜籽籽內膜用湯匙刮乾淨再汆燙過，我家小孩才三歲就能接受這道湯品喔！

| 食材 |

老薑 兩片
蔭鳳梨和湯汁 一罐（280g）
白色苦瓜 一條
土雞切塊 半隻
高湯或清水 2-3L

| 步驟 |

1 苦瓜剖半去籽後，煮一鍋熱水，將苦瓜放入燙煮 5 分鐘去苦澀味後撈起備用。

2 同上一鍋熱鍋，在熄火後，把雞肉塊下鍋汆燙一分鐘撈起。

3 將所有食材放入內鍋，外鍋放兩杯水，連保溫時間蒸煮約一小時（可以燜更久）即可。

小廚娘貼心 *Tips!*

1 蔭鳳梨是經由豆粕（黃豆麴）發酵醃漬的鳳梨鹹甘香軟，在有機店或網路選購無添加物的蔭鳳梨，注意市售產品很多都有化學添加物喔。

2 蔭鳳梨及其湯汁都有鹹度，所以這鍋湯就不用再加鹽調味了。

3 苦瓜的苦味來自苦瓜的薄膜，在去籽的同時，可以用湯匙輕輕刮除。

韓式海帶湯

🍲 4 人份 ⏱ 1 小時

富含鐵和碘等營養素的海帶湯，是韓國產後坐月子必喝的補湯，為了感念母親生產的辛苦，韓國人生日時也都會喝海帶湯。我特別喜歡搭配白飯和泡菜一起吃，就是簡單又營養的韓式套餐！

| 食材 |

牛肉 200g

韓式海帶 10g（約半顆拳頭量）

牛高湯或雞高湯 2L

蔥花 一小把

香油 一茶匙

牛肉醃料

蒜泥 一茶匙

醬油 一大匙

韓國大醬（可略）一茶匙

| 步驟 |

1 牛肉用醃料拌勻，冷藏醃漬一小時或至隔夜，煎至表面微微焦香上色。

2 所有食材放入內鍋，外鍋兩杯水，加上保溫時間約 1 小時。

3 撒上蔥花和少許香油，試喝後以鹽巴調味即可。

山藥蓮子排骨湯

🍲 4 人份　⏱ 90 分鐘

蓮子和山藥都是清爽溫潤的滋補食材，吃起來鬆軟並帶有淡雅甜味，好喝又養生是道老少咸宜的湯品。山藥未經烹煮會有黏液，會造成發癢刺痛，可以帶手套或隔個塑膠袋，我更喜歡把整個山藥用熱水汆燙或火烤，再處理去皮就不會造成皮膚過敏了。萬一不小心碰到黏液過敏，可以抹醋或泡熱水緩解。

| 食材 |

排骨 600g
豬骨高湯 2L
薑片兩片

山藥 200g
乾燥蓮子 100g

| 步驟 |

1 排骨先用熱水泡洗一分鐘去血水，避免燉湯時產生雜質。

2 排骨和高湯放入內鍋，外鍋放兩杯水，加保溫時間約烹煮一小時。

3 加入薑片、山藥和蓮子，外鍋一杯水煮 20 分鐘即可。

--- 小廚娘貼心 *Tips!* ---

蓮子的果酸碰到冷水中的鈣離子，會形成果酸膠鈣使其硬化，
所以要直接在熱湯內烹煮，才能煮出鬆軟口感。

韓式蔘雞湯

🍲 4 人份　⏱ 60 分鐘

在台灣夏天總要吃碗芒果冰或黑糖剉冰，但在韓國越是炎熱夏日，會發現蔘雞湯的
餐廳更絡繹不絕，尤其現代人夏天總窩在冷氣房，其實對支氣管也是負擔，用藥性
溫和的蔘雞湯來滋潤並安神養氣。　燉了這鍋蔘雞湯，因為用的是春雞，肉質細幼柔
軟，在雞裡面塞的糯米則是入味香綿。

| 食材 |

春雞或幼雞 一隻（約 1kg）

長糯米 200g

人蔘 10g（種類及份量請看小撇步）

紅棗 6 顆

蒜頭（去皮）兩瓣

雞高湯 2L

鹽巴 約一茶匙

| 步驟 |

1　一半分量的人蔘、紅棗和蒜頭加入糯米拌勻，從雞尾部用湯匙輔助裝進雞的腹腔內。

2　雞肚子裡的料裝好後，先把雞腳塞進去，再用棉線綁起來固定，將雞、高湯、蒜頭、紅棗和人蔘放入內鍋。

3　電鍋外鍋兩杯水＋保溫時間約一小時（可以更久），開蓋後試喝再依各人口味以鹽巴調味。在韓國是湯本身不調味，食用時將雞肉佐以胡椒鹽提味，並與泡菜一起吃很有味。

小廚娘貼心 *Tips!*

1 通常醫院或月子中心附近都會很多中藥行可以多看看，選擇自己信任的店家購買即可。在韓國當地正統人參雞是採用新鮮水蔘，這在台灣比較難買，暗紅色切片的高麗蔘是一兩（37.5g）五百元，大概可以煮四鍋的量，每個月吃一次覺得尚可負擔。

2 另外韓國蔘雞湯要用的小春雞，在這些地方都買得到：家樂福、美福食集、有心肉鋪子、「鹿野幼秀土雞」，大約是 350 元／隻，給大家參考。

牛肝菌百菇雞湯

🧺 6 人份　⏱ 90 分鐘

季節交替的時候容易過敏感冒，用滿滿多醣體的菇蕈雞湯來滋補身體，乾燥菇蕈是主要的香氣來源，除了比較常見的乾香菇，牛肝菌也能讓湯頭更加馥郁高雅。

小家庭可以將燉好的雞湯分裝冷凍，電鍋外鍋一杯水加熱半小時即可。

| 食材 |

雞腿切塊 兩支（約600g）

乾燥牛肝菌 半杯（約10g）

乾香菇 半杯（約20g）

鴻禧菇 半包（約50g）

雪白菇 半包（約50g）

舞菇 半包（約50g）

鹽巴 適量

雞高湯 3L

| 步驟 |

1 雞肉泡熱水五分鐘，沖洗乾淨。牛肝菌和香菇泡水，如果是大朵的香菇先剪對半。

2 雞肉、牛肝菌、香菇和高湯放入內鍋，外鍋兩杯水，燉煮加保溫時間一小時。

3 以鹽調味試喝，加入鴻禧菇、雪白菇和舞菇，外鍋一杯水，加保溫時間約半小時。

小廚娘貼心 Tips!

新鮮菇蕈先剝散，放入夾鏈袋中冷凍可保存一個月，烹煮時無需解凍直接下鍋即可。

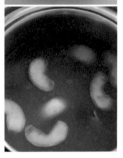

蘋果香菇雞湯

🍲 4 人份　⏱ 1 小時

在日本韓國用蘋果入菜是很常見的料理手法，通常用在料理會選用便宜或外觀不夠完美的蘋果，加在湯裡會增添一絲清甜果香。這個版本比較淡雅，可以依個人喜好再添加的食材有：老薑兩片、米酒或紹興兩大匙、白蔥段、蒜頭一瓣等。

| 食材 |

乾香菇 八朵

雞翅 八隻

蘋果 一顆（約 200g）

雞高湯 2L

| 步驟 |

1 乾香菇冷水泡軟，蘋果去皮切片去核，泡鹽水備用。（以鹽水浸泡過蘋果較不會氧化變黑，鹽水比例約半茶匙對 200ml 水）

2 所有食材放入內鍋，外鍋加兩杯水，同保溫時間約一小時。

3 開蓋後，試喝並以鹽調味即可。

鮭魚豆腐味噌湯

🍲 2 人份　⏱ 60 分鐘

陰冷的天氣就窩在家來碗熱湯吧！

這道料理家常到不行，但要好喝還是有幾個小撇步：1. 買貴的味噌，就像白米一樣都是同樣的東西吃起來差很多，我會奢侈一點在進口超市選中高價位的日本味噌。2. 鮭魚邊鰭肉嫩油花多，不要選貴鬆鬆的鮭魚菲力，要選便宜的骨邊肉、魚尾、魚頭或是我家最近特愛的邊鰭肉，活動量大肉質像魚肚軟嫩嫩的。3. 用珠蔥或細香蔥看起來就比較精緻～

營養師說：豆腐和味噌吃了皮膚會變好，冬天鬧乾荒的女孩，要記得煮來喝喔～

| 食材 |

鮭魚邊鰭、魚尾或魚頭 250g
嫩豆腐 100g
日式高湯 500ml

味噌 兩大匙
青蔥 一支

| 步驟 |

1 鮭魚、豆腐和高湯放入內鍋，外鍋一杯水蒸煮約 20 分鐘。

2 另外用小碗加湯把味噌均勻拌開，開蓋加入味噌後，再次外鍋半杯水蒸煮約十分鐘。

3 開蓋後，試喝再依各人口味調味，最後撒上蔥花即可。味噌已有鹹度，家中有小孩一直口味清淡，所以食譜中並未有鹽，若覺太淡口的人可以再加少許鹽巴或七味粉加味。

小廚娘貼心 *Tips!*

1 味噌不要直接挖出來就丟入湯汁中，先小碗加少許熱湯以湯匙細細拌開後再倒入，這樣比較不會有結塊不均勻的狀況發生。在日本更搞工一點的主婦會用篩網將味噌過篩會更好拌開，湯汁更快煮勻。

2 蔥綠的部分起鍋前再加入即可，可以保留漂亮的翠綠色，讓湯更色香味俱全。

1

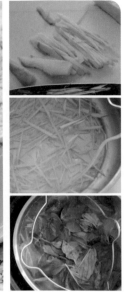

薑絲蛤蜊湯

🍲 2 人份　⏱ 30 分鐘

大約十點到菜市場，可以買到已經吐沙乾淨的蛤蜊，再順便帶點嫩薑九層塔，不用放鹽也無需久燉，就能煮出超鮮美的蛤蜊湯。

| 食材 |

蛤蜊 300g
嫩薑 20g
米酒 一大匙
清水 800ml
九層塔 適量

| 步驟 |

1 嫩薑切細絲，對切後切片，斜鋪後細細切絲。

2 內鍋放入薑絲、米酒和清水，外鍋一杯水加熱約 15 分鐘。

3 加入洗淨的蛤蠣，外鍋半杯水蒸十分鐘，加入九層塔葉拌勻即可。

小廚娘貼心 *Tips!*

如果是還沒吐沙的蛤蜊，像是超市真空包裝或是太早去菜市場，回家用不鏽鋼盆裝 3% 濃度的鹽水（約 500ml 水＋ 15g 鹽巴），放在陰涼處一到兩小時。 嫩薑切絲比較對味，吃到薑絲也不會辣口。如果沒有買到嫩薑，老薑可以切片，分量也只需要一半約 10g。

電鍋高湯三品

高湯應該是基本中的最基本，只需瞭解原理便知道做法簡單，我習慣找個閒暇之日，把高湯備好放涼分裝冷凍，就是燙把麵或煮鍋粥都更有滋味。

🍲 日式柴魚昆布高湯

做法簡單加熱時間短，日式料理最適合搭配此高湯，昆布表面會有白色霜體，即是所謂甘露醇，不必刷洗，稍微用清水沖過即可。熬過高湯的昆布可切小段，加兩大匙醬油及一大匙味醂，外鍋一杯水蒸煮好，撒上白芝麻即可。

| 食材 |

昆布 10cm、柴魚一碗、清水 1L

| 步驟 |

1 在內鍋放入材料冷藏至少半天。

2 外鍋一杯水蒸煮，取出昆布並撈除柴魚即可。

🍲 百搭雞高湯

無論是要炊飯、燉湯或煮鍋物，雞高湯都可以讓料理加分。此配方可以加一顆洋蔥及半根紅蘿蔔，增添蔬菜清甜。薑片可用西式香草代替，則可用在西式料理，如本書的紅酒燉牛肚。

| 食材 |

雞骨 600g、清水 3L、老薑兩片

| 步驟 |

1 食材放入內鍋，外鍋放兩杯水，加保溫時間一小時後。

2 再放兩杯水，加保溫時間一小時。（共計兩小時）

🍲 香醇豬骨湯

排骨湯、滷豬腳、燉肉丸、白菜豬肉鍋…皆少不了豬骨高湯，如果用清水取代高湯，那料理風味大概得打七折。作法與雞骨高湯相同，但時間需要加倍，好在有電鍋這個刻苦耐勞的好夥伴，省了顧爐火的費神工作，同時還能一鍋多菜，輕鬆有效率。

| 食材 |

豬骨 600g、清水 3L、老薑兩片

| 步驟 |

1 食材放入內鍋，外鍋放兩杯水，加保溫時間一小時。

2 再放兩杯水，加保溫時間一小時。重複共四次（共計四小時）。

小廚娘貼心 *Tips!*

肉骨的血水是腥味及血渣的來源，我習慣用水龍頭的熱水沖洗三分鐘，利用約 48 度左右的溫熱水，將內部血水逼出來。傳統汆燙法會讓肉骨表面蛋白質凝結，妨礙血水釋出，但在熬煮過程仍會有很多浮沫血渣。國外則有用冷水慢慢沖洗，但費時較久。也有用冷水煮肉骨，水變混濁但未滾便熄火洗淨，再熬湯的方法。煮婦可以試試自己順手的方法。

熱鬧滾滾豐盛火鍋

親朋好友歡聚一鍋搞定！
聚會不累，高湯配料統統入鍋排美美等開鍋，
蒸氣冒出時幸福鮮香撲鼻。

咖哩豬肉鍋

冬天的時候能夠喝上暖暖的咖哩湯頭，充滿香料的風味特別療癒！

很簡單的將所有食材放入內鍋，就能完成營養均衡的鍋物。可以配白飯，或是在煮火鍋時就把冬粉放鍋底，偶爾想要壞（笑）就放烏龍麵或泡麵，煮好之後，加入內鍋稍微壓到湯汁醃過麵體，保溫三分鐘就ＯＫ囉！

｜食材｜

高麗菜（切大塊）六片
紅蘿蔔（切片）六片
梅花豬火鍋肉片 六片
火鍋料 每種各兩個 4 種
清水 1L
咖哩塊 一塊

｜步驟｜

1 紅蘿蔔、高麗菜、火鍋料、肉片和咖哩塊依序放入內鍋中，肉片放在最上方較佳。

2 內鍋加入清水，外鍋放兩杯水烹煮至開關跳起。

3 不要立刻開蓋，再保溫時間約半小時後，開蓋試喝並調味即可。

牛肉壽喜燒

🍲 2 人份 ⏱ 40 分鐘

壽喜燒是一種日本料理，主要是以少量醬汁烹煮食材的鍋物，湯汁味道較重通常不
會直接喝，但鍋物食材會煮得芳醇濃郁，不用另外沾醬。鹹鹹甜甜的壽喜燒和白飯
非常搭，或是也可以在吃得差不多時作一個「結尾」，再加熱後添入蛋和烏龍麵一
起烹煮，會讓人覺得幸福飽足～

| 食材 |

牛肉片 200g
大蔥 一根
大白菜 4-6 片
鮮香菇 四朵

菇類 約 100g
豆腐 半盒 (約 150g)
紅蘿蔔 約半根
茼蒿或黑葉白菜 一把

● 醬汁
日式高湯 100ml
日式醬油 50ml
味醂 兩大匙
砂糖 (可略) 一大匙

| 步驟 |

1 所以食材準備好，喜歡盛盤漂亮的話，可以將紅蘿蔔和香菇刻花。

2 洋蔥、紅蘿蔔、大白菜、大蔥放入內鍋，外鍋一杯水烹煮至開關跳起。

3 半小時後放入其他食材及醬汁，外鍋再一杯水續煮約 15 分鐘至開關
跳起即可。

小廚娘貼心 *Tips!*

正統壽喜燒是以牛肉為主，牛小排、霜降牛、雪花牛都是好選擇。若不喜歡牛肉的人可以替
換成豬肉片或雞腿肉都行。

韓式部隊鍋

🍲 2 人份　⏱ 65 分鐘

這是在韓戰後美軍進駐南韓時,由於物資不足,只好利用各種罐頭食物,搭配韓國當地的醬料泡菜,煮成熱呼呼的鍋物。在ＩＧ瀏覽美食照片時發現,韓國人真的超愛 SPAM 午餐肉,前陣子去日本旅行在超市看到,就買回家烤烤夾吐司,像是還沒變火腿的肉,真的滿好吃的(罪惡感席捲),說到這些罐頭肉品,就會想到韓國的部隊鍋!

| 食材 |

昆布小魚高湯 800ml

蒜頭 一瓣

高麗菜 約五片

鴻禧菇 半包（約50g）

豆腐 4 片（約100g）

韓式魚板 四片

韓式年糕 100g

韓式泡菜 50g

泡麵 一份

起司片 一片

● 醬汁

韓式辣醬 一大匙

砂糖 一茶匙

醬油 一茶匙

| 步驟 |

1 昆布小魚高湯加醬料和蒜頭放入內鍋，外鍋一杯水煮半小時。

2 大蒜撈掉，依序放入高麗菜、年糕、豆腐、魚板、鴻禧菇和午餐肉，外鍋一杯水煮半小時。

3 加入泡菜、泡麵和起司片，鍋蓋放好保溫五分鐘即可享用。

小廚娘貼心 *Tips!*

泡麵可以選擇台灣最愛的王子麵，也能用韓國的辛拉麵，二者不同是辛拉麵需要稍微煮個幾分鐘才能食用，王子麵熱滾滾的泡熟即可。

熱鬧滾滾豐盛火鍋

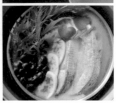

鮭魚味噌石狩鍋

🍱 3 人份　⏱ 40 分鐘

在日本北海道有條石狩川，在那裡會有鮭魚逆流洄游來產卵，漁夫在寒冬中完成捕魚工作後，就會煮這個石狩鍋慶功慰勞。

| 食材 |

白蘿蔔 300g
馬鈴薯 200g
紅蘿蔔 少許（可略）
日式高湯 600ml
烏龍麵 1 包
鮭魚 200g
豆腐 200g
魚板或火鍋料 少許
菇類 100g
蔬菜 一小把

● 醬汁
　韓式辣醬 一大匙
　砂糖 一茶匙
　醬油 一茶匙

| 步驟 |

1 將白蘿蔔、馬鈴薯、紅蘿蔔和高湯放入內鍋。外鍋一杯水煮約 20 分鐘。

2 放入烏龍麵、鮭魚、豆腐、火鍋料和菇類，外鍋半杯水煮約 15 分鐘。

3 醬汁調勻加入鍋中，放上蔬菜，外鍋 1/10 杯水煮 3 分鐘。

小廚娘貼心 Tips!

1 食材中白蘿蔔可以用山藥代替白蘿蔔。

2 酒粕是製作清酒過程產生的酒渣，日本煮婦會用來醃肉或蒸魚，可以用酒釀代替或省略。

3 由於澱粉在冷藏溫度會產生老化的回凝現象，烏龍麵建議買冷凍的，口感會比冷藏的 Q 彈很多。

白菜千層豬肉鍋

🍲 2 人份　⏱ 40 分鐘

菜販老闆說肥大的山東大白菜纖維粗是用來做韓式泡菜或酸白菜，長長的天津大白菜口感脆適合切細快炒，這種圓圓的包心大白菜，口感細軟煮火鍋才好吃。這個冬季做了很多次千層火鍋，每次都有發現新訣竅，這次的版本我很滿意，主要是讓肉片完美的待在位子上，火鍋聚會的時候端出這鍋大家馬上拍照打卡（笑）煮完一輪再丟火鍋料和烏龍麵，湯頭有著大白菜清甜及豬肉醇香，每個人都滿足完食～

| 食材 |

包心大白菜 一小顆（約500g）

梅花豬肉片 300g

鴻禧菇或舞菇 一包（約100g）

和風高湯 500ml

和風醬油 兩大匙

味醂 一大匙

紅蘿蔔片 少許

| 步驟 |

1 肉片用醬油和味醂塗抹均勻。白菜逆紋切成 6 公分寬度。

2 肉片包在菜梗上，和大白菜排列於鍋中，空隙放入舞菇。

3 放上紅蘿蔔，加入高湯，外鍋兩杯水蒸煮約 40 分鐘。

電鍋也能做洋食

萬能電鍋什麼都能煮，
下班後的日常好食，省時三步驟的洋食餐桌，
讓你驚喜無所不在。

橙汁蒸魚

台灣人習慣用電鍋做蒸煮料理，在歐美呢烤箱就是像電鍋般存在，有道魚料理的做法就是包在烘焙紙內，烤完卻像是蒸魚的口感，還能像收禮物打開包裹享用，是我特別喜歡的一道菜，用長型的餐瓷和電鍋來做做看，味道和餐廳吃到的同樣好！

| 食材 |

鮮魚一條（約350g）

（圖片示範為紅條石斑）

柳橙 約兩顆

白葡萄酒 兩大匙

橄欖油 一大匙

鹽巴 一茶匙

現磨白胡椒（可略）少許

新鮮羅勒 約六片

| 步驟 |

1 鮮魚去頭（可略）腹部剖開，整條魚均勻地撒上鹽和白胡椒。柳橙橫向切半，部分切片備用。

2 魚放入蒸盤，橙片塞入腹部，其他柳橙用來擠橙汁，柳橙汁、白酒和橄欖油淋在魚上。

3 外鍋一杯水，預熱後放入蒸盤，蒸至開關跳起（約 15 分鐘），撒上新鮮羅勒即可。

— 小廚娘貼心 *Tips!*

因為一般家用電鍋直徑大約 25 公分，買魚的時候可以稍微注意長度，如果不小心買到比較大的魚，可以去頭尾或把肉片下來料理。

檸檬酸豆紙包魚

用紙做成包裹的樣子，上桌還有開禮物的驚喜感！軟嫩鱈魚或任何白肉魚都很適合，奶油和香草讓料理帶有醇厚的韻味，酸豆和檸檬兩種不同的風味層次，讓這道料理非常清爽開胃～

🍲 2 人份　⏱ 30 分鐘

| 食材 |

鱈魚一片（約 300g）、檸檬半顆、奶油 10g、鹽巴 1/4 茶匙、洋香菜或蒔蘿 1/2 茶匙

| 步驟 |

1. 檸檬偏離軸心切半，鱈魚抹上鹽巴和香草醃漬。
2. 準備一張約 40 公分長的烘焙紙，鱈魚放在中間，放上奶油和酸豆，淋上檸檬汁。
3. 上下兩端提起捲折，左右捲緊。放在蒸盤上，外鍋一杯水蒸 20 分鐘。

培根白花椰

白花椰菜是近年在歐美非常熱門的食材，味道溫和清淡，跟各種料理手法都很容易搭配。最簡單的是撒上鹽巴蒸熟，搭配喜歡的堅果享用，也可以加少許的培根或紅蘿蔔配色更好看。如果你愛好健康或素食都要用胡蘿蔔取代培根，記得先將紅蘿蔔片用橄欖油拌勻，再進行烹煮營養更升級喔！

🍲 2 人份　⏱ 30 分鐘

| 食材 |

花椰菜 200g 約半棵、培根 10g 約一片、鹽巴約 1/2 茶匙

| 步驟 |

1. 將白花菜分切並削去外皮，培根切絲。
2. 花菜擺在蒸盤中，均勻撒上鹽巴和培根。
3. 外鍋放一杯水約半小時，蒸熟即可。

櫛瓜玉米佐帕瑪乳酪

🍴 2 人份 ⏱ 10 分鐘

夏天沒胃口的時候，中午我可以只吃這碗蔬食！清甜的櫛瓜和玉米粒，撒上充滿鮮鹹的乳酪（parmigiano reggiano cheese 或是帕瑪善乳酪）由於美味靈魂在於高品質的乾酪，可以到百貨的乳酪專櫃或專門店選購。櫛瓜可以用花椰菜或蘆筍取代。

| 食材 |

櫛瓜 一條（約 250g）
玉米粒 一罐（約 200g）
鹽巴 少許
帕瑪乾酪 約四大匙

| 步驟 |

1 櫛瓜去頭尾蒂頭，先對剖後切成丁。

2 將櫛瓜丁和玉米粒放入深盤中，撒上少許鹽巴，外鍋一杯水約半小時內蒸熟。

3 撒上大量現刨乾酪拌勻試吃調味即可。

四季豆佐蛋沙拉

🍱 2 人份　⏱ 10 分鐘

口袋裡必備幾道蔬食菜單，電鍋料理 +1 輕鬆無負擔！豆莢、蘆筍或玉米筍，外婆都是加蒜泥醬油膏，但有了金孫之後，改用小孩喜歡的蛋沙拉搭配，有點和風洋食的感覺，加上煎到酥脆的培根碎和黑胡椒，會更有大人感喔！

| 食材 |

四季豆 200g
雞蛋 兩顆
橄欖油 少許
美乃滋 兩大匙
鹽 適量

| 步驟 |

1 剝除豆莢頭尾和粗纖維，將四季豆和水煮蛋放在蒸盤上。

2 外鍋放一杯水預熱約五分鐘，再放入蒸盤烹煮十分鐘，四季豆取出泡冰塊冷水。

3 水煮蛋剝殼切丁，和美乃滋拌勻，用鹽巴調味。將四季豆盛盤，放上蛋沙拉即可。

小廚娘貼心 *Tips!*

四季豆取出泡冰塊冷水，能讓口感脆口維持色澤翠綠。

地中海香料雞胸

近年流行重訓健身,低脂高蛋白的雞胸肉,也跟著聲勢起漲。利用電鍋同時烹調醬汁、配菜和雞肉,做出來的料理擺盤和品嚐都更有明顯層次,完全看不出來是簡單的電鍋料理喔。

| 食材 |

雞胸肉 一副(約300g)
鹽麴 兩大匙
西班牙紅椒粉 少許
黃櫛瓜 半條(約150g)
綠櫛瓜 半條(約150g)
茭白筍 一條(約150g)
鹽巴 少許

● 醬料

黑橄欖(切片)6-8 顆
去皮切丁番茄 100g
白酒 兩大匙
酸豆 一大匙
細砂糖 一茶匙
鹽巴 少許

| 步驟 |

1 黃櫛瓜、綠櫛瓜、茭白筍全部洗淨切絲;雞胸肉放在蒸盤,抹上鹽麴後,從高處撒下紅椒粉,冷藏隔夜或至少一小時。

2 另外準備一個蒸盤,放入醬汁的食材,疊上放雞胸的蒸盤,外鍋一杯水蒸約 15 分鐘。

3 蔬菜放到第三個蒸盤,外鍋半杯水再蒸 10 分鐘即可開蓋,依喜好盛盤享用。

--- 小廚娘貼心 *Tips!* ---

1 如果買不到鹽麴,可以改用 500ml 清水 + 25g 鹽巴的濃鹽水代替,鹽分會改變肉質的結構組織,吃起來更加軟嫩多汁。

2 紅椒粉除了提香,也讓雞肉色澤看起來更美味。

電鍋也能做洋食

115

托斯卡尼紅酒燉牛肚

🍲 6 人份　⏱ 2 小時

其實歐洲跟亞洲同樣會吃牛的內臟，紅酒燉牛肉，改用牛尾和牛肚也都很美味，最基礎的做法用電鍋就可以完成，而廚娘家的獨門作法，是把部分煮好的洋蔥紅蘿蔔等蔬菜打成泥，湯汁變醬汁孩子不挑食：）。

| 食材 |

牛肚 一副（約600g）	番茄切丁罐頭 一罐	● 紅酒醃料
洋蔥 兩顆	鹽巴 適量	紅酒 300ml
紅蘿蔔 一根	牛高湯或雞高湯 3L	義大利綜合香料一茶匙
西洋芹 一根	麥芽糖或砂糖 兩大匙	
米酒兩大匙	老薑 一片	
蔥 一根	蒜頭 一瓣	

| 步驟 |

約1公分寬，手指般條狀。

1　牛肚放入內鍋中，加 2L 清水、一大匙米酒、蔥、薑、蒜，外鍋兩杯水加保溫時間約一小時。牛肚將撈起清洗瀝乾，切成手指般條狀，泡在紅酒醃料中，冷藏半天或隔夜備用。

2　除了糖之外的所有食材放入內鍋，外鍋兩杯水加保溫時間約一小時。

3　試吃後加入麥芽糖調味，外鍋兩杯水加保溫時間約一小時。

小廚娘貼心 Tips!

小家庭可以將燉好的牛肚分裝小袋冷凍保存，大約可以保存 2～3 週，食用前解凍再以電鍋加熱即可享用。

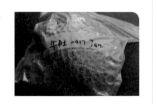

牛肚 2017 7月

電鍋也能做洋食

帕瑪乳酪奶煨馬鈴薯

🍱 4 人份　⏱ 15 分鐘

馬鈴薯是西式料理常用的主食，除了烹調方便，溫和的味道和各種菜肴都很配喔！又軟又綿的口感，加上帕瑪乳酪的鹹香，就算單吃也非常美味～

| 食材 |

馬鈴薯 三顆（每顆約 200g）

鮮奶 50ml

鹽巴 適量

現磨黑胡椒 適量

現刨帕瑪乳酪 適量

| 步驟 |

1 電鍋外鍋放兩杯水，蒸煮約 40 分鐘。

2 稍微放涼後剝去外皮，用叉子切成塊狀，加入鮮奶拌勻。

3 撒上鹽巴、黑胡椒和現刨乳酪調味即可。

小廚娘貼心 Tips!

帶皮蒸馬鈴薯保留食材本身水分和風味。如果先去皮切塊，雖然可以節省時間，但內鍋需要加半杯水，以免澱粉釋放導致焦底。用叉子切塊增加調味料的接觸面積！

普羅旺斯燉菜

🍲 4 人份　⏱ 30 分鐘

今天用電鍋做了法國家常菜，之前在電影《料理鼠王》看到的普羅旺斯燉菜，是將食材切成圓片狀，擺盤比較精緻美觀，畢竟是要在米其林上桌的嘛。但我更喜歡家常版本，切丁讓口感更好，可以隨意翻煮讓料理更入味。

| 食材 |

洋蔥 100g
紅蘿蔔 60g
罐頭番茄 一罐（約 400g）
橄欖油 一大匙
茄子去蒂切丁 兩條
櫛瓜去蒂切丁 一條
黃甜椒去蒂籽切丁 一顆

| 步驟 |

1　洋蔥、紅蘿蔔切碎，茄子去蒂切丁，櫛瓜去蒂切丁，黃甜椒去蒂籽切丁。

2　洋蔥、紅蘿蔔及罐頭番茄和橄欖油放入內鍋拌勻，外鍋一杯水蒸煮，加保溫時間約半小時，加入櫛瓜和甜椒，外鍋一杯水蒸煮，加保溫時間約半小時。

3　熱油鍋下茄子過油炸一分鐘，用熱水沖洗去除多餘油脂後，將茄子加入步驟 2 的燉菜拌勻，冷藏四小時以上即可。

清蒸扁鱈佐堅果醬

🍲 2 人份　⏱ 15 分鐘

小孩非常喜歡吃鱈魚，滑嫩嫩口感加上香濃堅果醬的美味深得人心。

營養師好友告訴我，好的油脂能幫助代謝，排除體內壞油，並維護心血管健康。魚油或堅果都是很優質的食材，含有各種抗老化並維護血管的維他命 E、Omega3 跟不飽和脂肪酸。每週至少兩餐要吃魚類，每天要攝取約一湯匙的堅果，可以減少肌膚發炎或過敏的狀況，越吃越美麗喔！

| 食材 |

扁鱈（去骨後分切成兩片）共約 400g　　白酒或米酒 2 茶匙

鹽巴 1/4 茶匙　　　　　　　　　　　綜合堅果 一小杯

現磨白胡椒 少許　　　　　　　　　　鮮奶 兩大匙

| 步驟 |

1 將鱈魚放到蒸盤上，淋上白酒、撒上鹽巴和白胡椒調味和去腥。

2 外鍋一杯水預熱五分鐘後，將步驟 1 蒸盤放入電鍋裡蒸煮約十分鐘。

3 將綜合堅果打成泥，取兩湯匙堅果泥加上鮮奶拌勻成醬汁，加鹽巴試吃調味。將鱈魚盛盤佐以堅果醬一起享用。

小廚娘貼心 *Tips!*

堅果泥可以用來做成三明治的抹醬，每天早上用一茶匙的堅果泥加少許鮮奶拌勻，抹在三明治上。也可以用來做成堅果餅乾，或是泡堅果牛奶都很香很好用喔。

電鍋也能做洋食

鮭魚青醬燉飯

🍲 3 人份　⏱ 45 分鐘

夏天很適合吃清爽的青醬料理，蔚綠的羅勒田，在味蕾上出現陽光普照的風景，米粒吸滿鮭魚鮮美的油脂和玉米筍的清甜，乘熱刨上帕瑪乳酪，搭配白葡萄酒，就是享受人生的美好食光。

| 食材 |

義大利燉飯米／或糙米 一杯
白酒 1/4 杯
水 3/4 杯
鮭魚（去骨切塊）200g
玉米筍（切塊）100g
松子羅勒青醬 100g
帕瑪乳酪 Parmagiano 約 30g

| 步驟 |

1. 義大利燉飯米不用洗直接放入內鍋，加入白酒、清水、鮭魚、玉米筍和鹽巴拌勻。

2. 將步驟 1 放入電鍋，外鍋一杯水煮至電鍋跳起後再悶十分鐘，烹調時間共約半小時。

3. 開蓋，加入青醬拌勻，試吃並以鹽巴調味。 盛盤後刨上帕瑪乳酪就可以開動囉！

太陽蛋盅茄汁燉豆

🍴 2 人份 ⏱ 15 分鐘

假日睡得比平常晚一些，利用做法超簡單小孩也能幫忙的料理，從早就開啟幸福滿滿的親子時光。茄汁燉豆是深植英國人心的必備食材，裹滿番茄醬汁的鬆軟燉豆，在英國超市各種口味的罐頭可以擺滿整個櫥櫃呢！

| 食材 |

雞蛋 兩顆
茄汁燉豆罐頭 4 大匙
鹽和黑胡椒（或香料鹽）適量

| 步驟 |

1 小盅內呈入半碗或兩大匙的茄汁燉豆，打顆蛋。

2 外鍋半杯水蒸煮約 10 分鐘。

3 依喜好撒上香料鹽即可。

小廚娘貼心 *Tips!*

在小烤盅內放入茄汁燉豆再打顆蛋，用電鍋蒸煮快速完成元氣早餐建議搭配新鮮氣泡果汁和烤吐司～熱呼呼的茄汁燉豆可以是早餐，也可以是慰藉心靈的簡單消夜～除了蒸蛋盅，加在西式蔬菜牛肉湯裡面也是絕配。

電鍋也能做洋食

電鍋123

小廚娘邱韻文──蒸簡單 × 蒸健康 × 蒸好味
真的只要 3 步驟，100 道無油煙安心料理輕鬆上菜〔太感謝了暢銷紀念版〕

作　　　者／邱韻文 Olivia
美 術 編 輯／申朗設計
責 任 編 輯／劉文宜
企畫選書人／賈俊國

總 編 輯／賈俊國
副 總 編 輯／蘇士尹
編　　　輯／黃欣
行 銷 企 畫／張莉滎、蕭羽猜、溫于閎

發 行 人／何飛鵬
法 律 顧 問／元禾法律事務所王子文律師
出　　　版／布克文化出版事業部
　　　　　　115 台北市南港區昆陽街 16 號 4 樓
　　　　　　電話：(02)2500-7008 傳真：(02)2500-7579
　　　　　　Email：sbooker.service@cite.com.tw
發　　　行／英屬蓋曼群島商家庭傳媒股份有限公司城邦分公司
　　　　　　115 台北市南港區昆陽街 16 號 5 樓
　　　　　　書虫客服服務專線：(02)2500-7718；2500-7719
　　　　　　24 小時傳真專線：(02)2500-1990；2500-1991
　　　　　　劃撥帳號：19863813；戶名：書虫股份有限公司
　　　　　　讀者服務信箱：service@readingclub.com.tw
香港發行所／城邦（香港）出版集團有限公司
　　　　　　香港九龍土瓜灣土瓜灣道 86 號順聯工業大廈 6 樓 A 室
　　　　　　電話：+852-2508-6231　　　傳真：+852-2578-9337
　　　　　　Email：hkcite@biznetvigator.com
馬新發行所／城邦（馬新）出版集團 Cité (M) Sdn. Bhd.
　　　　　　41, Jalan Radin Anum, Bandar Baru Sri Petaling,
　　　　　　57000 Kuala Lumpur, Malaysia
　　　　　　電話：+603- 9056-3833　　　傳真：+603- 9057-6622
　　　　　　Email：services@cite.my
印　　　刷／韋懋實業有限公司
初　　　版／2019 年 02 月
二　　　版／2024 年 08 月
售　　　價／380 元
ＩＳＢＮ／978-626-7518-08-3
ＥＩＳＢＮ／978-626-7518-06-9（EPUB）

城邦讀書花園　布克文化
www.cite.com.tw　WWW.SBOOKER.COM.TW